国家级特色专业（物联网工程）规划教材

物联网编程技术

鲁鸣鸣　编著

电子工业出版社

Publishing House of Electronics Industry

北京·BEIJING

内 容 简 介

本书以一个具体的物联网应用（群智感知网络）作为物联网编程的切入点，以一个具体的物联网终端平台（安卓）作为物联网编程的载体，以一个基于安卓平台的传感器资源管理和调度框架，以及基于此框架的一个具体应用（用户情境感知）作为案例，以适应课堂教学的需要，从而避免过于宽泛的物联网编程概念落不到实处的尴尬。

本书首先介绍了群智感知网络的基本概念和相关应用，以及群智感知网络和物联网编程的联系，然后讨论了安卓平台的一些核心思想和概念，包括基于 XML 的用户界面设计、用户界面组件及其生命周期、MVC 设计模式、基于 Intent 的组件连接模型等。在对安卓平台有初步的认识后，本书进一步描述了安卓平台上与传感器相关的一些 API 使用的模式，并由此引出一个开源的统一调度使用安卓平台传感器资源的框架。基于此框架，本书给出了一个使用该框架设计和实现用户情境感知应用的案例作为总结。

本书可作为普通高等学校物联网工程专业的教材，也可供从事物联网及其相关专业的人士阅读。

本书配有教学课件，读者可登录华信教育资源网（www.hxedu.com.cn）免费注册后下载。

未经许可，不得以任何方式复制或抄袭本书之部分或全部内容。
版权所有，侵权必究。

图书在版编目（CIP）数据

物联网编程技术/鲁鸣鸣编著. —北京：电子工业出版社，2017.10
国家级特色专业（物联网工程）规划教材
ISBN 978-7-121-32888-6

Ⅰ.①物… Ⅱ.①鲁… Ⅲ.①互联网络－应用－教材②智能技术－应用－教材 Ⅳ.①TP393.4②TP18

中国版本图书馆 CIP 数据核字（2017）第 247873 号

责任编辑：田宏峰
印　　刷：三河市鑫金马印装有限公司
装　　订：三河市鑫金马印装有限公司
出版发行：电子工业出版社
　　　　　北京市海淀区万寿路 173 信箱　邮编 100036
开　　本：787×980　1/16　印张：14.25　字数：319 千字
版　　次：2017 年 10 月第 1 版
印　　次：2017 年 10 月第 1 次印刷
定　　价：49.00 元

凡所购买电子工业出版社图书有缺损问题，请向购买书店调换。若书店售缺，请与本社发行部联系，联系及邮购电话：(010) 88254888，88258888。
质量投诉请发邮件至 zlts@phei.com.cn，盗版侵权举报请发邮件至 dbqq@phei.com.cn。
本书咨询联系方式：tianhf@phei.com.cn。

出版说明

物联网是通过射频识别（RFID）、红外感应器、全球定位系统、激光扫描器等信息传感设备，按约定的协议，把任何物品与互联网相连接，进行信息交换和通信，以实现智能化识别、定位、跟踪、监控和管理的一种网络概念。物联网是继计算机、互联网和移动通信之后的又一次信息产业的革命性发展。物联网产业具有产业链长、涉及多个产业群的特点，其应用范围几乎覆盖了各行各业。

2009年8月，物联网被正式列为国家五大新兴战略性产业之一，写入"政府工作报告"，物联网在中国受到了全社会极大的关注。

2010年年初，教育部下发了高校设置物联网专业申报通知，截至目前，我国已经有100多所高校开设了物联网工程专业，其中有包括中南大学在内的9所高校的物联网工程专业于2011年被批准为国家级特色专业建设点。

从2010年起，部分学校的物联网工程专业已经开始招生，目前已经进入专业课程的学习阶段，因此物联网工程专业的专业课教材建设迫在眉睫。

由于物联网所涉及的领域非常广泛，很多专业课涉及其他专业，但是原有的专业课的教材无法满足物联网工程专业的教学需求，又由于不同院校的物联网专业的特色有较大的差异，因此很有必要出版一套适用于不同院校的物联网专业的教材。

为此，电子工业出版社依托国内高校物联网工程专业的建设情况，策划出版了"国家级特色专业（物联网工程）规划教材"，以满足国内高校物联网工程的专业课教学的需求。

本套教材紧密结合物联网专业的教学大纲，以满足教学需求为目的，以充分体现物联网工程的专业特点为原则来进行编写。今后，我们将继续和国内高校物联网专业的一线教师合作，以完善我国物联网工程专业的专业课程教材的建设。

电子工业出版社

教材编委会

编委会主任：施荣华　黄东军

编委会成员：（按姓氏字母拼音顺序排序）
　　　　　　董　健　高建良　桂劲松　贺建飚
　　　　　　黄东军　刘连浩　刘少强　刘伟荣
　　　　　　鲁鸣鸣　施荣华　张士庚

前言

PREFACE

现在,物联网工程专业的学生感到比较困惑的一点就是,他们当初选择物联网工程专业就是因为看到了物联网工程专业的美好前景,但现实的情况是,现在物联网工程专业的毕业生找的工作往往跟物联网并没有直接的关系。难道物联网只是一个概念?同学们只是被忽悠了?本书作者更愿意相信属于物联网的时代还尚未真正到来,只是其概念被资本和媒体提前炒热了。众所周知,一个行业的兴盛离不开其商业上的成功,物联网的兴盛跟物联网商业上相关产业的兴起有着密切的关系。

从互联网时代开始,跟踪就成了互联网经济的一个特点。互联网公司早期是根据 Cookie(存储在用户本地终端上的数据)来跟踪用户在互联网上行为的。到了移动互联网时代,电话号码成了人的标识,加上手机定位的功能,使得我们跟踪一个人的行为变得非常容易。这种跟踪的做法,给商家带来了很多机会,但跟踪对经济的贡献非常小。在 IoT(物联网)时代,跟踪经济将被发扬光大。未来的商业将会精确到每一个人、每一笔交易、每一个中间过程。要实现跟踪经济,物联网是必不可少的一项重要技术。另外,医疗健康领域也亟需物联网技术的支撑。我们对自己身体的"运行状态"知之甚少,对人类健康的威胁在很大程度上是因为我们对自己的状态不自知。在过去,人们了解自身是非常困难的。今天,各种可穿戴式设备在某种程度上可以帮助我们了解自己的身体状态,虽然它们提供的信息未必像专业设备那样准确,但是这种业余的、长期的跟踪,比一次专业的检测更有意义。在未来,我们有可能做到在我们去医院之前,医生就已经对我们身体上的毛病有了一个比较准确的了解。物联网是个很宽泛的概念,而跟踪是它一个重要的功能,物联网的技术最终会带来巨大的商业利益,这就是跟踪经济的基础。据估计,跟踪经济的规模到 2030 年,为整个物联网带来的经济增量可以达到 70000 亿美元。所以说,物联网这个行业具有非常美好的前景,而不只是一个概念。

物联网从其构成上来讲,主要有物联网终端和后台云平台两部分。由于一门课程无法涵盖物联网编程的所有方面,所以本书侧重物联网终端方面的编程。从物联网终端来看,主要有两大类终端,一种是以智能手机、平板电脑、智能手表为代表的具有图形操作界面的安卓、苹果平台产品(具有编程框架,采用 Java、Object-C、Swift 等编程语言);另一种是以智能手环等智能穿戴设备,以及其他物联网终端为代表的、需要底层编码(无编程框架,采用 C、C++、汇编等语言)的物联网终端。从通用性和普及程度来讲,以安卓平台为代表的物联网终端更具有代表性,因此,本书将以安卓平台为例讲解物联网编程的基本原理和应用。

本书编写的主要目的是为物联网工程专业"物联网编程"这一课程的本科教学提供一本参考教材。作者在初次接触该课程以及编写该教材时,感觉实在是无从下手,毕竟物联网编程这一概念实在是太过于宽泛了,而市面上又没有类似的书籍或者文献可以参考。

本书在撰写过程中,从构思来看就经历了三次大的改动,每次都不能令人满意,导致书稿的撰写一拖再拖,迟迟无法完成写作。最后在电子工业出版社田宏峰编辑的鼓励下,根据作者这几年教学的体会,决定采用以前构思的一种思路(通过安卓平台来构建物联网终端,并作为一个感知节点采集数据,以及利用采集的数据构建基于物联网的用户状态感知跟踪系统)来完成本书的撰写。

写完后仍然觉得本书有很多不尽如人意的地方,但总算可以和读者见面了。在此也要再次感谢对本书的撰写提供很多帮助的黄东军教授,电子工业出版社的田宏峰编辑,我的已经毕业了的硕士田博。

物联网技术发展很快,应用非常广泛,物联网编程技术涉及的内容也非常多,由于个人认知水平还有待进一步提高,所以错误和疏漏之处在所难免,希望读者不吝指出本书的不足,以便改进。

作 者

2017 年 9 月

目 录

第1章 物联网编程与群智感知 (1)
  1.1 物联网与泛群感知 (1)
  1.2 泛群感知基本概念 (2)
  1.3 群智感知网络的基本特征 (3)
  1.4 群智感知网络的系统结构 (4)
  1.5 群智感知网络的典型应用 (5)
  1.6 群智感知与安卓应用开发 (10)
    1.6.1 Android 简介 (10)
    1.6.2 搭建 Android 开发环境 (12)

第2章 Android 应用初步 (15)
  2.1 应用基础 (16)
  2.2 创建 Android 项目 (17)
  2.3 Android 工作区导航 (19)
  2.4 用户界面设计 (20)
    2.4.1 视图层级结构 (24)
    2.4.2 组件属性 (26)
    2.4.3 创建字符串资源 (27)
    2.4.4 预览界面布局 (28)
  2.5 从布局 XML 到视图对象 (29)
  2.6 组件的实际应用 (33)
    2.6.1 类包组织导入 (34)
    2.6.2 引用组件 (34)
    2.6.3 设置监听器 (35)
  2.7 使用模拟器运行应用 (41)
  2.8 Android 编译过程 (42)

第3章 Android 与 MVC 设计模式 (45)
3.1 创建新类 (46)
3.2 Android 与 MVC 设计模式 (49)
3.3 更新视图层 (50)
3.4 更新控制层 (53)
3.5 在设备上运行应用 (57)
3.5.1 连接设备 (57)
3.5.2 配置设备用于应用开发 (57)
3.6 添加图标资源 (59)
3.6.1 向项目中添加资源 (59)
3.6.2 在 XML 文件中引用资源 (60)
3.7 挑战练习一：为 TextView 添加监听器 (62)
3.8 挑战练习二：添加后退按钮 (62)
3.9 挑战练习三：从按钮到图标按钮 (62)

第4章 Activity 的生命周期 (65)
4.1 日志跟踪理解 Activity 生命周期 (66)
4.1.1 输出日志信息 (66)
4.1.2 使用 LogCat (69)
4.2 设备旋转与 Activity 生命周期 (73)
4.2.1 设备配置与备选资源 (74)
4.2.2 创建水平模式布局 (74)
4.3 设备旋转前保存数据 (80)
4.4 再探 Activity 生命周期 (83)
4.5 深入学习：测试 onSaveInstanceState(Bundle)方法 (84)
4.6 深入学习：日志记录的级别与方法 (85)
4.7 挑战 (87)

第5章 传感器 API 概述 (88)
5.1 传感器概述 (89)
5.1.1 传感器是什么 (89)
5.1.2 传感器的分类 (89)
5.2 改进 SensorTest 程序 (91)
5.2.1 回顾 (91)

	5.2.2	传感器 API……………………………………………………………（91）
	5.2.3	SensorEvent………………………………………………………（95）
5.3	使用传感器数据…………………………………………………………（98）
	5.3.1	使用相对布局的好处…………………………………………（99）
	5.3.2	对 SensorEvent 封装的数据进行操作………………………（106）
5.4	不同传感器信息的显示………………………………………………（107）
	5.4.1	完善 SensorTest………………………………………………（108）
	5.4.2	修改 onSensorChanged()……………………………………（110）
5.5	传感器类型……………………………………………………………（112）
5.6	有关 Sensor 的物理概念………………………………………………（113）

第 6 章　第二个 Activity……………………………………………………（114）
   6.1　创建第二个 Activity…………………………………………………（115）
      6.1.1　创建新布局…………………………………………………（115）
      6.1.2　创建新的 Activity 子类……………………………………（119）
      6.1.3　在 manifest 配置文件中声明 ConfigActivity……………（119）
      6.1.4　为 SensorActivity 添加 Config 按钮………………………（121）
   6.2　启动 Activity…………………………………………………………（123）
      6.2.1　基于 Intent 的通信…………………………………………（123）
      6.2.2　显式与隐式 Intent…………………………………………（125）
   6.3　Activity 间的数据传递………………………………………………（125）
      6.3.1　使用 Intentextra……………………………………………（126）
      6.3.2　从子 Activity 获取返回结果………………………………（130）
   6.4　Activity 的使用与管理………………………………………………（142）

第 7 章　位置管理器…………………………………………………………（146）
   7.1　Android 位置服务 API………………………………………………（147）
      7.1.1　LocationManager……………………………………………（147）
      7.1.2　获取位置更新………………………………………………（148）
      7.1.3　LocationProvider……………………………………………（148）
      7.1.4　Location………………………………………………………（148）
      7.1.5　Criteria………………………………………………………（149）
   7.2　LocationListener……………………………………………………（150）
      7.2.1　获取 LocationManager 系统服务…………………………（150）

IX

7.2.2 确定使用的位置数据源 (151)
7.2.3 设置 LocationListener 监听器 (151)
7.2.4 注册 LocationListener 监听器 (153)

第 8 章 Funf 开源感知框架 (156)
8.1 Funf Journal (156)
8.2 Funf 开源感知框架概述 (160)
8.3 设计 Probe 接口 (162)
8.3.1 Probe 接口的实现 (162)
8.3.2 getData() 的实现 (163)
8.3.3 通过回调方式发送数据 (166)
8.3.4 发送数据 (167)
8.3.5 修改 LocationProbe (169)
8.3.6 实现 ProbeTest (170)
8.4 BasicPipeline (173)
8.4.1 处理保存数据的 BasicPipeline (173)
8.4.2 BasicPipeline 的使用 (176)
8.5 FunfManager (178)
8.5.1 Android Service (179)
8.5.2 FunfManager Service (180)

第 9 章 利用 Funf 实现情境感知 (187)
9.1 情境与情境感知 (187)
9.1.1 情境 (187)
9.1.2 情境感知（Context-Aware） (187)
9.2 总体框架设计 (188)
9.2.1 感知层 (188)
9.2.2 推理层 (189)
9.2.3 应用层 (191)
9.3 系统实现 (191)
9.3.1 感知层实现 (191)
9.3.2 推理层实现 (191)
9.3.3 应用层实现 (213)

参考文献 (217)

第 1 章
物联网编程与群智感知

1.1 物联网与泛群感知

物联网作为国家五大新兴战略性产业之一，在我国受到了极大的关注。目前，物联网的推广和实施面临许多问题，其中，最大的瓶颈之一就是终端传感基础设施的建设成本高、能耗大，缺乏足够的激励手段，使得大规模推广应用的困难较大，难以形成自支撑、自发展的完备体系。

然而，实际上现有的很多以个人电子消费品形式进入人们日常生活的传感器资源却没有被充分利用，比如，智能手机上有丰富的传感器资源，包括位置传感器（GPS）、光线传感器、近距离传感器、气压传感器、加速度传感器、陀螺仪、磁传感器、相对湿度传感器和环境温度传感器等，另外像广播接收天线、麦克风和摄像头也可被用来感知外界的声音和图像信号，而 Wi-Fi、蓝牙、NFC、GPRS、3G、4G 等通信方式可以被用来感知外界的无线信号。通过各种通信方式，智能手机还能与外接传感器相连，感知很多类型的环境信息。

类似的具有感知和计算能力的个人电子消费品还包括平板电脑、以 iPod 为代表的音乐播放器、嵌入传感器的游戏设备（Wii、Xbox Kinect）、具有智能和连网能力的家用电器、谷歌眼镜、iWatch 等。

除了个人电子消费品外，各式卡片和读卡器，甚至人本身（通过社交网络、人肉搜索和微博等）都能参与感知。汽车上也有很多传感器资源，有调查表明在 2010 年，平均每辆汽车中装载的传感器数量将达到 150 个，而其中像油耗传感器、GPS 传感器、胎压传感器等大量传感器都可以被用来采集城市交通和环境信息。这些传感器或许是起到传感器作用的物件或人，提供了大量免费或者近似免费的感知机会。相对于专用传感器而言，不需要额外的维护成本。充分利用好这些感知机会，让诸多传感器合作协调以形成传感器群，并让这些多种多样的传感器群（通常掌握在不同人手里，即泛群）自觉自愿成为物联网的一部分是物联网实现跨越式发展的重大契机。

由泛群构成的感知网络（简称泛群感知网络）相比于传统无线传感网络（物联网的主要支撑技术之一），具有以下一些优点。

首先，泛群感知网络利用现有的感知资源和通信架构（蜂窝网、Wi-Fi 等），几乎没有部署成本。

其次，与传统传感网感知对象相对固定，以及感知目标相对单一的特点不同，泛群感知中的感知机会可以说是无处不在、无时不有，泛群感知网络中感知设备的移动性和规模使得泛群感知网络能够达到史无前例的时空覆盖性，能够观察到静态部署的传感网络所不能监测的事件。

第三，泛群感知网络具有显著的经济规模效应，数以亿计的汽车和数以十亿计的手机，还有其他大量内置传感器的个人电子消费品，以及卡群和人群等，形成了规模庞大的潜在泛群感知网络。

第四，以 Android 和 iOS 为代表的软件开发工具和发布平台为泛群感知应用的开发提供了极大的便利，使得开发难度大为降低，有利于泛群感知的迅速推广，类似的应用开发工具也已延伸到汽车领域[1]。

最后，泛群感知网络中的感知设备与人们的日常工作和生活的结合日趋紧密，提供以人为中心的感知与计算，为人们的日常生活提供便利，这在传统传感网中是难以体现的。

1.2　泛群感知基本概念

学术界通常将像泛群感知这种利用普适的移动设备提供感知服务的物联网新型感知模式称为"以人为中心的感知"。按照感知对象的类型和规模，这种感知模式的应用可以分为两类：个体感知（Personal Sensing）和社群感知（Community/Social Sensing）。典型的个体感知应用包括对个人的运动模式（如站立、行走、慢跑、快跑等）进行监测来促进身体健康，对个人的日常交通模式（如自行车、汽车、公交车、火车等）进行监测来记录个人的碳排放足迹等。

相比而言，社群感知可以完成那些仅依靠个体很难实现的大规模、复杂的社会感知任务。例如，在交通拥堵状况和城市空气质量监测应用中，只有当大量的个体提供行驶速度或空气质量信息，并将这些信息进行汇聚分析，才能了解整个城市的交通状况或空气质量信息。

社群感知又称为群智感知（Crowd Sensing），这主要来源于众包（Crowdsourcing）的思想，所以又称之为众包感知（Crowdsourced Sensing）。众包是《连线》（Wired）杂志在2006 年发明的一个专业术语，用来描述一种新的分布式问题解决和工作模式，即企业利用互联网将工作分配出去、发现创意或解决技术问题。近年来，人们将众包的思想与移动感知相结合，将普通用户的移动设备作为基本感知单元，通过移动互联网进行有意识或无意识的协作，形成群智感知网络，实现感知任务分发与感知数据收集，完成大规模的、复杂的社会感知任务。因为目前在国内学术圈将社群感知、泛群感知统称为群智感知，侧重于表达该类型网络充分利用用户群和终端设备群的智慧及智能进行感知的概念，为了表述上的一致性，本书统称该类型网络为群智感知网络。

1.3 群智感知网络的基本特征

在传统的无线传感器网络中，人仅仅作为感知数据的最终"消费者"。相比而言，群智感知网络一个最重要的特点是人将参与数据感知、传输、分析、应用等整个系统的每个过程，既是感知数据的"消费者"，也是感知数据的"生产者"，套用一个流行的新造词，可称之为 Prosumer。这种以人为中心的基本特征为物联网感知和传输手段带来了前所未有的机会，具体表现如下。

（1）网络部署成本更低。首先，城市中已有大量的移动设备或车辆，无须专门部署；其次，人的移动性可以促进感知覆盖与数据传输。一方面，随着移动设备的持有者随机地到达各个地方，这些节点就可随时随地进行感知；另一方面，由于移动节点之间的相互接触，这些节点可以使用"存储-携带-转发"的机会传输模式在间歇性连通的网络环境中传输感知数据。

（2）网络维护更容易。首先，网络中的节点通常具有更好的能量供给，更强的计算、存储和通信能力；其次，这些节点通常由其持有者进行管理和维护，从而处于比较好的工作状态。例如,人们总是可以随时根据需要来对自己的手机等移动设备进行充电。

(3) 系统更具有可扩展性。我们只需要招募更多的用户参与就可满足系统应用规模的扩大。

由于上述优点,群智感知网络成为物联网新型的重要感知手段,可利用普适的移动感知设备完成那些仅依靠个体很难实现的大规模、复杂的社会感知任务。

1.4 群智感知网络的系统结构

如图 1-1 所示,一个典型的群智感知网络通常由感知平台和移动用户两部分构成。

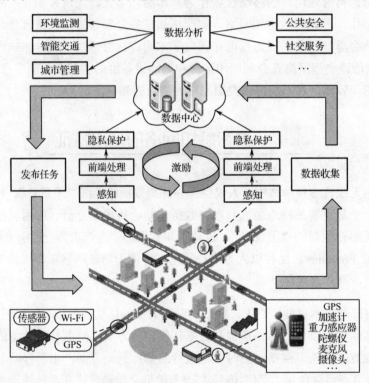

图 1-1 群智感知网络系统结构

其中,感知平台由位于数据中心的多个感知服务器组成;移动用户可以利用智能手机中所嵌入的各种传感器(如 GPS、加速计、重力感应器、陀螺仪、电子罗盘、光线距离感应器、麦克风、摄像头等）、车载感知设备（如 GPS、OBD-II 等）、可穿戴设备（如智能眼镜、智能手表等），以及其他便携式电子设备（如 Intel 的空气质量传感器）等采集各种感知数据，并通过移动蜂窝网络（如 GSM、3G/4G）或短距离无线通信的方式（如蓝牙、WiFi）与感知平台进行网络连接，并上报感知数据。系统的工作流程可以描述为以下五个步骤。

（1）感知平台将某个感知任务划分为若干个感知子任务，通过开放呼叫的方式向移动用户发布这些任务，并采取某种激励机制吸引用户参与。

（2）用户得知感知任务后，根据自己的情况决定是否参与感知活动。

（3）参与用户利用所携带移动设备的传感器进行感知，将感知数据送到前端进行处理，并采用隐私保护手段将数据上报到感知平台。

（4）感知平台对所获得的所有感知数据进行处理和分析，并以此构建环境监测、智能交通、城市管理、公共安全、社交服务等各种群智感知应用。

（5）感知平台对用户数据进行评估，并根据所采用的激励机制对用户感知所付出的代价进行适当补偿。

1.5 群智感知网络的典型应用

目前，群智感知网络已应用到如下典型领域。

1. 环境监测

与传统的传感器网络相比，群智感知网络利用普适的移动感知设备，能以较小成本实现对整个城市的自然环境的大规模监测，如图 1-2 所示。

例如，CommonSense 利用手持式的空气质量传感器测量空气污染（如 CO_2、NO_x）状况，并将其通过蓝牙与手机连接以上报感知数据；NoiseTube 和 Ear-Phone 利用手机的麦克风测量环境噪声，并汇集大量用户的感知数据构造城市的环境噪声地图；CreekWatch 利用用户拍照或文本描述来记录不同地方的水质或垃圾数量，用来跟踪水质污染。

2. 智能交通

利用普适的移动感知设备对路况信息进行收集、处理后反馈给用户，向用户提供更智能的出行路线和驾驶辅助,如图 1-3 所示。

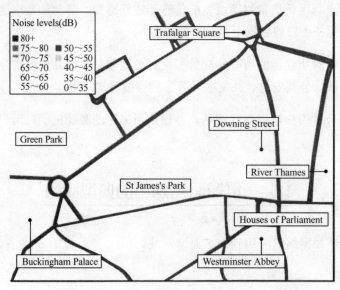

图 1-2 环境检测

例如,CarTel 和 VTrack 利用位置传感器采集用户移动轨迹,估计交通拥堵状况、交通延迟等,为用户提供合适的行驶路线;SignalGuru 利用手机摄像头感知当前交通灯的颜色,并通过在附近车辆间共享信息来预测交通灯的变化状态,辅助驾驶员正确调整速度,达到减少停车次数、降低燃油消耗的目的,同时也改善了交通状况;GreenGPS 通过采集用户的车载 GPS 信息,并与车辆的燃油消耗相关联,从而为用户提供燃油消耗更少的绿色出行路线。

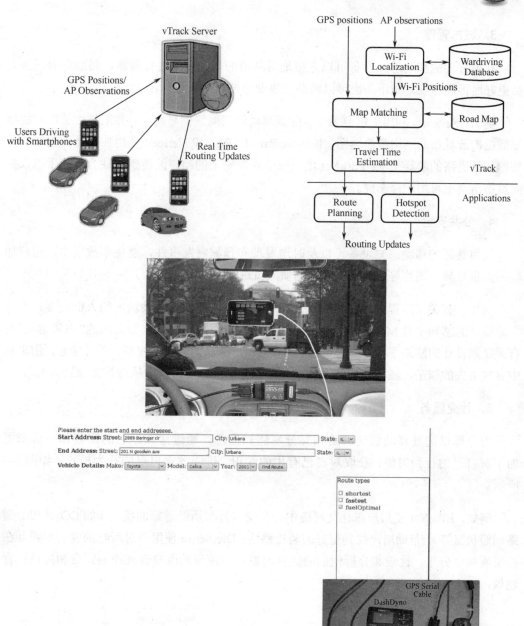

图 1-3 智能交通

3. 城市管理

利用普适的移动感知设备可以方便地对城市的基础设施进行监测，帮助政府决策人员更好地管理和规划城市，也可以辅助企事业单位或个人进行决策。

例如，Sensorly 利用手机测量 Wi-Fi 或移动蜂窝网络信号质量，并汇集大量用户的感知数据构造城市的网络覆盖地图；Pothole Patrol（P2）和 Nericell 使用加速计、GPS 等传感器估计道路的颠簸状况；ParkNet 使用安装在车辆上的超声波传感器联合智能手机来探测城市街道上可用的停车位。

4. 公共安全

利用普适的移动感知设备可以及时地发现和预测突发事件，避免事故发生，用户捕获的大量视频、图片等信息可以辅助刑侦人员进行案件调查。

例如，有关文献提出利用手机蓝牙扫描的方法快速估计公共场所的人群密度；有关文献设计的感知平台 Medusa 可以用来及时报告和跟踪突发事件（如美国的"占领运动"）；有关文献设计的感知平台 GigaSight 可以汇集用户捕获的大量的视频、图片信息，用来从中寻找丢失的孩子，或帮助刑侦人员找到犯罪分子（如美国波士顿爆炸案嫌疑人）。

5. 社交服务

用户可以通过移动社交网络相互分享感知信息，通过感知信息的比较和分析来更加了解自己的行为习惯，获取对自己有用的知识，进而改善自己的行为模式，如图1-4所示。

例如，BikeNet 使用户在社交网络中分享骑自行车所经道路的状况（如 CO_2 浓度、道路颠簸状况等），帮助用户找到更好的骑行路线；DietSense 使用户对所吃的食物拍照并在社交网络中分享，比较和分析他们的饮食习惯，进而帮助用户合理控制饮食和提供饮食建议。

第1章 物联网编程与群智感知

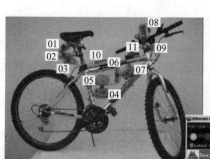

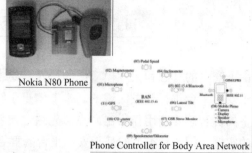

Nokia N80 Phone

Phone Controller for Body Area Network

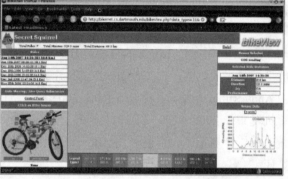

图 1-4　社交服务

1.6 群智感知与安卓应用开发

由于安卓的开源和大规模应用的特性,学术界和工业界的大部分的群智感知应用均是基于安卓平台进行开发实现的。本书侧重于物联网的编程技术,剩余的章节将以安卓平台下的群智感知应用作为出发点,先通过实例介绍安卓平台开发的基本步骤,再通过更多的实例介绍各种类型的基于安卓平台的群智感知应用。

1.6.1 Android 简介

Android 是一种基于 Linux 的自由及开放源代码的操作系统,主要使用于移动设备,如智能手机和平板电脑,由 Google 公司和开放手机联盟领导及开发。Android 操作系统最初由 Andy Rubin 开发,主要支持手机,2005 年 8 月由 Google 收购注资。第一部 Android 智能手机发布于 2008 年 10 月。2011 年第一季度,Android 在全球的市场份额首次超过塞班系统,跃居全球第一。目前采用 Android 平台的手机厂商主要包括三星、小米、联想、华为、HTC 等。

Android 系统架构如图 1-5 所示。

Android 平台主要分为四层架构、五块区域,从下至上分别为 Linux 内核层、系统运行库层、应用程序框架层、应用程序层。

(1) Linux 内核层(Linux Kernel)。Android 系统基于 Linux 2.6 内核,Android 的 Linux Kernel 控制包括安全(Security)、存储器管理(Memory Management)、程序管理(Process Management)、网络堆栈(Network Stack)、驱动程序模型(Driver Model)等。

(2) 系统运行库(Android Runtime)。这一层包含一些 C/C++库,这些库能被 Android 系统中不同的组件使用,它们通过 Android 应用程序框架为开发者提供服务。

(3) 开发人员也可以完全访问核心应用程序所使用的应用程序(API)框架。该应用程序的架构设计简化了组件的重用,任何一个应用程序都可以发布它的功能块,并且任何其他的应用程序都可以使用其所发布的功能块(不过得遵循框架的安全性)。同样,该应用程序重用机制也使用户可以方便地替换程序组件。

图 1-5　Android 平台架构

（4）应用程序（Applications）。装在手机上的应用程序都属于这一层，如 SMS 短消息程序、日历、地图、浏览器、通讯录等，这部分应用程序均使用 Java 语言编写，本书将重点讲解如何开发自己的应用程序。

Android 版本介绍：2008 年 9 月发布了 Android 1.0 系统，随后几年，随着 Android 2.1、Android 2.2、Android 2.3 系统的推出，Android 迅速占据了大量市场。目前最新的系统版本已经是 Android 7.0。表 1-1 列出了 Android 系统版本的详细信息，查看最新数据可以访问 http://developer.android.com/about/dashboards/。

表 1-1　Android 系统版本

版 本 号	系 统 代 号	API	市场占有率
2.2	Froyo	8	0.4%
2.3.3～2.3.7	Gingerbread	10	6.9%
4.0.3～4.0.4	Ice Cream Sandwich	15	5.9%
4.1.x	Jelly Bean	16	17.3%
4.2.x		17	19.4%

续表

版 本 号	系 统 代 号	API	市场占有率
4.3	Jelly Bean	18	5.9%
4.4	KitKat	19	40.9%
5.0	Lollipop	21	3.3%

1.6.2 搭建 Android 开发环境

在学习 Android 之前，需要有一定 Java 基础，Android 程序都是用 Java 语言编写的，如果你没有学习过 Java，那么我建议你先把本书放下，学习好 Java SE 之后再来继续学习 Android 开发。

1．JDK 的下载与安装

JDK（Java Development Kit）是 Sun Microsystems 针对 Java 开发者的产品，自从 Java 推出以来，JDK 已经成为使用最广泛的 Java SDK。JDK 是整个 Java 的核心，包括了 Java 运行环境、Java 工具和 Java 基础的类库。JDK 可从 Oracle 公司官网（http://www.oracle.com/index.html）上下载。

2．Android SDK 的下载与安装

Android SDK 是学习 Android 开发必不可少的工具包，在开发 Android 项目时，我们需要通过引入该工具包再使用 Android 系统的相关 API。Android SDK 可从 Android 开发者主页（http://developer.android.com/index.html）上获取。

3．IDE 的下载与安装

集成开发环境（Integrated Development Environment，IDE）是用于程序开发环境的应用程序，一般包括代码编辑器、编译器、调试器和图形用户界面工具。目前开发 Android 项目的 IDE 主要有 Eclipse 和 Android Studio。

相信所有 Java 开发者对 Eclipse 肯定不会感到陌生，Eclipse 是一个开源、基于 Java 的可扩展开发平台，作为一款著名的 IDE，它是 Java 开发者的首选。

（1）Eclipse IDE。Eclipse 可从 Eclipse 官网（http://www.eclipse.org/downloads/）上下载。根据操作系统不同，在 Eclipse IDE for Java Developers 选项右侧选择适当的版本，如

图 1-6 所示。

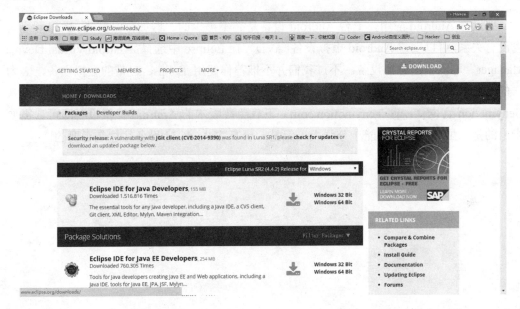

图 1-6　Eclipse 下载页面

（2）Android Studio。作为后起之秀，Android Studio 大有取代 Eclipse 的趋势，Android Studio 可从 Android 开发者官网（http://developer.android.com/tools/studio/index.html）下载。考虑到读者群体，本书使用 Eclipse 进行讲解。

4．ADT

ADT（Android Development Tools）是 Google 提供的一个 Eclipse 插件，ADT 可从 Eclipse 中在线安装，也可以从 Android 开发者官网上（http://developer.android.com/tools/help/adt.html）下载 Eclipse 与 ADT 的集成版本。

5．SDK 版本下载

安装完上述软件之后，需要在 Eclipse 中打开 SDK Manager 下载 Android SDK 版本。由于 Android 版本非常多，全部下载会很耗时，这里我们主要下载 API 14 及以上版本就可以了。当然如果你带宽和硬盘都充足，也可以全部下载。Google 公司为了方便开发者，现在提供了一种简便的方式，在 Android 官网可以下载一个绑定好的 SDK 工具包，你所需的全部软件都包含在里面了，下载地址是 http://developer.android.com/sdk/index.html。

6. Android Device

要运行 Android 应用，一台 Android 设备是必不可少的。假如你没有 Android 设备，也没有关系，可以创建 Android 虚拟设备（AVD）。在 Eclipse 中选择"Android Virtual Device Manager"可以创建虚拟设备。不过我们并不推荐你使用 Eclipse 自带的虚拟设备，因为它的运行十分缓慢。这里我们推荐使用 Genymotion 来进行 Android 应用开发，进入 Genymotion 官网（www.genymotion.com）下载免费版本的 Android 虚拟设备即可。需要指出的是，虽然虚拟机功能十分强大，但是一台真实 Android 设备往往是必要的。

第 2 章
Android 应用初步

本章将介绍编写 Android 应用需掌握的一些基础概念和 UI 组件。学完本章，如果没能理解全部内容，也不必担心，后续章节还会有更加详细的讲解，我们将再次温习并理解这些概念。

接下来要编写的第一个应用名为 SensorTest，这个小应用主要用来显示手机传感器收集的数据。用户通过单击"Start"或"Stop"按钮来启动或停止收集传感器数据，SensorTest 可即时反馈传感器是否已收集。

图 2-1 显示了 SensorTest 应用的用户界面。

图 2-1　SensorTest 用户界面

2.1 应用基础

SensorTest 应用由一个 Activity 和一个布局（Layout）组成。

Activity 是 Android SDK 中 Activity 类的一个具体实例，负责管理用户与智能手机、平板电脑、智能电视、智能手表等触屏或信息屏的交互。应用的功能是通过编写一个个 Activity 子类来实现的，简单的应用可能只需要一个子类，而复杂的应用则会有多个子类。

SensorTest 是个简单应用，因此它只有一个名为 SensorActivity 的 Activity 子类。SensorActivity 管理着如图 2-1 所示的用户界面。

布局定义了一系列用户界面视图对象，以及它们显示在屏幕上的位置，组成布局的定义保存在 XML 文件中。每个定义用来创建屏幕上的一个视图对象，如按钮或文本信息。

SensorTest 应用包含一个名为 activity_sensor.xml 的布局文件，该布局文件中的 XML 标签定义了图 2-1 所示的用户界面。

SensorActivity 与 activity_sensor.xml 文件的关系如图 2-2 所示。

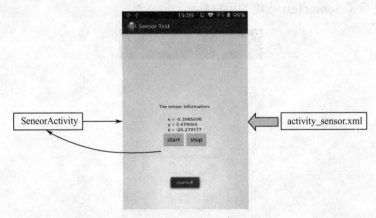

图 2-2　SensorActivity 管理着 activity_sensor.xml 文件定义的用户界面

2.2 创建 Android 项目

首先我们来创建一个 Android 项目，Android 项目包含组成一个应用的全部文件，启动 Android Studio 程序，选择"File→New Project"菜单项，打开新建应用窗口来创建一个新的项目。

在应用名称（Application name）处输入 SensorTest，如图 2-3 所示，在公司域名（Company Domain）处填写企业组织或公司的域名，包名（Package name）处此时会自动设置为 com.example.ming.sensortest。注意，以上的包名遵循了"DNS 反转"约定，即将企业组织或公司的域名反转后，在尾部附加上应用名称。遵循此约定可以保证包名的唯一性，这样同一设备和 Google Play 商店的各类应用就可以区分开来。在项目位置（Project location）处填写你要将项目存放的物理位置。

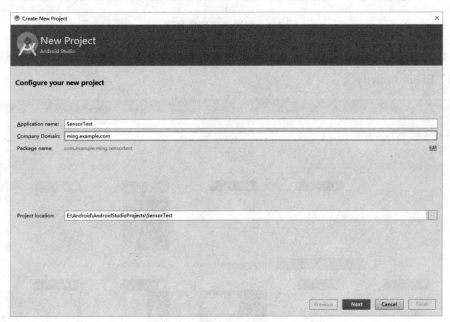

图 2-3　创建新应用

接下来，单击"Next"按钮，在随后弹出的第二个窗口中，勾选"手机与平板"（Phone and Tablet），表明我们要为手机设备或平板设备创建应用。选择"最低 SDK 版本"（Minimum SDK）来确定应用程序兼容的最低 SDK 版本，如图 2-4 所示。

图 2-4　配置新建应用程序

再单击"Next"按钮继续，图 2-5 所示的窗口询问想要创建的 Activity 类型，选择最简单的"Blank Activity"。

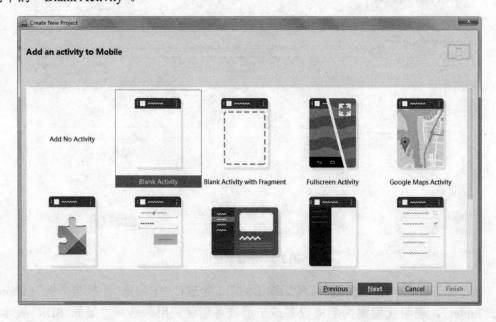

图 2-5　创建新的 Activity

再次单击"Next"按钮后会出现应用向导的最后一个窗口,这个窗口用来配置新建的 Activity。Activity Name 输入"SensorActivity",如图 2-6 所示。注意子类名的 Activity 后缀尽管不是必需的,但建议遵循这一可读性高的命名约定。

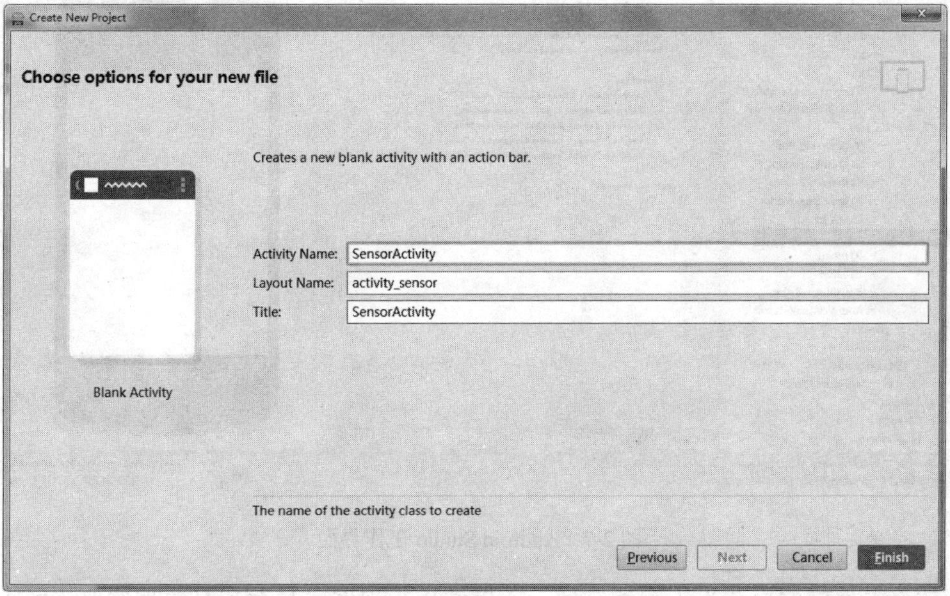

图 2-6 配置新建的 Activity

为体现布局与 Activity 间的对应关系,布局名称(Layout Name)会自动更新为 activity_sensor。布局的命名规则是:将 Activity 名称单词的前后顺序颠倒过来并全部转换为小写字母,然后在单词间添加下画线。对于后续章节中的所有布局,以及将要学习的其他资源,建议统一采用这种命名风格。

单击"Finish"按钮,Android Studio 即可完成创建并打开新的项目。

2.3 Android 工作区导航

如图 2-7 所示,Android Studio 已在工作区窗口(Workbench Window)里打开新建项目。注意,如果是安装后初次使用 Android Studio,则需关闭初始的欢迎窗口,才能看到如图 2-7 所示的工作区窗口。

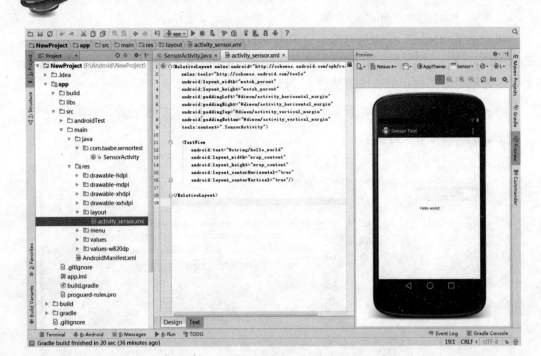

图 2-7 Android Studio 工作界面

整个工作区窗口分为不同的区域,这里统称为视图。最左边是包浏览器(Package Explorer)视图,通过它可以管理所有项目相关的文件;中间部分是代码编辑区(Editor)视图,为便于开发,Android Studio 默认在代码编辑区打开了 activity_sensor.xml 文件;在工作区的右边是代码编辑区界面代码的预览区,在这里可以实时地看到对界面代码所做的修改,可以帮助我们更好地设计界面。

2.4 用户界面设计

如前所述,Android Studio 已默认打开 activity_sensor.xml 布局文件,并在 Android 图形布局工具里显示了预览界面。虽然图形化布局工具非常好用,但为了更好地理解布局的内部原理,我们还是先学习如何使用 XML 代码来定义布局。

在代码编辑区的顶部选择 "activity_sensor.xml" 标签页,从预览界面切换到 XML 代码界面。当前,activity_sensor.xml 文件定义了默认的 Activity 布局,应用的默认布局经常改变,但其 XML 布局文件却总是与代码清单 2-1 文件相似。

代码清单 2-1　默认的 Activity 布局（activity_sensor.xml）

```xml
<RelativeLayout xmlns:android="http://schemas.android.com/apk/res/android"
    xmlns:tools="http://schemas.android.com/tools"
    android:layout_width="match_parent"
    android:layout_height="match_parent"
    tools:context=".SensorActivity" >
    <TextView
        android:layout_width="wrap_content"
        android:layout_height="wrap_content"
        android:layout_centerHorizontal="true"
        android:layout_centerVertical="true"
        android:text="@string/hello_world" />
</RelativeLayout>
```

首先，我们注意到 activity_sensor.xml 文件不再包含指定版本声明与文件编码的代码，如下所示。

```xml
<?xml version="1.0" encoding="utf-8"?>
```

ADT21 开发版本以后，Android 布局文件已不再需要该行代码。不过，在很多情况下，可能还会看到它。

应用 Activity 的布局默认定义了两个组件（Widget）：RelativeLayout 和 TextView。

组件是组成用户界面的构造模块，组件可以显示文字或图像、与用户交互，甚至是布置屏幕上的其他组件，按钮、文本输入控件和选择框等都是组件。

Android SDK 内置了多种组件，通过配置各种组件可获得所需的用户界面及行为。每一个组件都是 View 类或其子类（如 TextView 或 Button）的一个具体实例。

图 2-8 展示了代码清单 2-1 中定义的 RelativeLayout 和 TextView 是如何在屏幕上显示的。

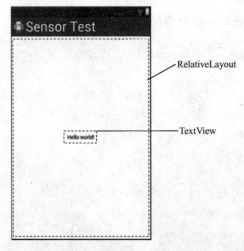

图 2-8　显示在屏幕上的默认组件

不过，图 2-8 所示的默认组件并不是我们需要的，SensorActivity 的用户界面需要下列五个组件。

- 1 个垂直 LinearLayout 组件；
- 1 个 TextView 组件；
- 1 个水平 LinearLayout 组件；
- 2 个 Button 组件。

图 2-9 展示了以上组件是如何构成 SensorActivity 活动用户界面的。

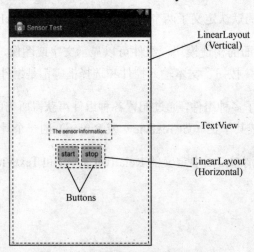

图 2-9　布置并显示在屏幕上的组件

第2章 Android应用初步

下面我们在 activity_sensor.xml 文件中定义这些组件，如代码清单 2-2 所示，修改 activity_sensor.xml 文件。注意，需删除的 XML 已打上删除线，需添加的 XML 以粗体显示。

代码清单 2-2　在 XML 文件（activity_sensor.xml）中定义组件

```
<RelativeLayout xmlns:android="http://schemas.android.com/apk/res/android"
    xmlns:tools="http://schemas.android.com/tools"
    android:layout_width="match_parent"
    android:layout_height="match_parent"
    tools:context=".SensorActivity" >
    <TextView
        android:layout_width="wrap_content"
        android:layout_height="wrap_content"
        android:layout_centerHorizontal="true"
        android:layout_centerVertical="true"
        android:text="@string/hello_world" />
</RelativeLayout>
```

<LinearLayout xmlns:android="http://schemas.android.com/apk/res/android"
　　android:layout_width="match_parent"
　　android:layout_height="match_parent"
　　android:gravity="center"
　　android:orientation="vertical" >
　　<TextView
　　　　android:layout_width="wrap_content"
　　　　android:layout_height="wrap_content"
　　　　android:padding="24dp"
　　　　android:text="@string/question_text" />
　　<LinearLayout
　　　　android:layout_width="wrap_content"
　　　　android:layout_height="wrap_content"
　　　　android:orientation="horizontal" >
　　　　<Button

```
            android:layout_width="wrap_content"
            android:layout_height="wrap_content"
            android:text="@string/start_button" />
        <Button
            android:layout_width="wrap_content"
            android:layout_height="wrap_content"
            android:text="@string/stop_button" />
    </LinearLayout>
</LinearLayout>
```

需要特别注意的是，开发工具无法校验布局 XML 内容，应尽量避免输入或拼写的错误。根据所使用的工具版本不同，可能会得到三行以 android:text 开头的代码有误。先暂时忽略它们，以后再去解决这一问题。

将 XML 文件与图 2-9 所示的用户界面进行对照，可以看出组件与 XML 元素一一对应，元素的名称就是组件的类型，各元素均有一组 XML 属性，属性可以看作如何配置组件的指令。下面从层级结构视角来观察布局，这有助于我们更方便地理解元素与属性的运作方式。

2.4.1 视图层级结构

组件包含在视图对象的层级结构，即视图层级结构（View Hierarchy）中，图 2-10 展示了代码清单 2-2 所示 XML 布局对应的视图层级结构。

从布局的视图层级结构可以看到，其根元素是一个 LinearLayout 组件。作为根元素，LinearLayout 组件必须指定 Android XML 资源文件的命名空间属性为 http://schemas.android.com/apk/res/android。

LinearLayout 组件继承自 View 子类的 ViewGroup 组件，ViewGroup 组件是一个包含并配置其他组件的特殊组件。如需以一列或一排的样式布置组件，使用 LinearLayout 组件就可以了。其他 ViewGroup 子类还包括 FrameLayout、TableLayout 和 RelativeLayout 等，如图 2-11 所示。

若某个组件包含在一个 ViewGroup 中，该组件与 ViewGroup 即构成父子关系。根 LinearLayout 有两个子组件：TextView 和 LinearLayout。作为子组件的 LinearLayout 本身还有两个 Button 子组件。

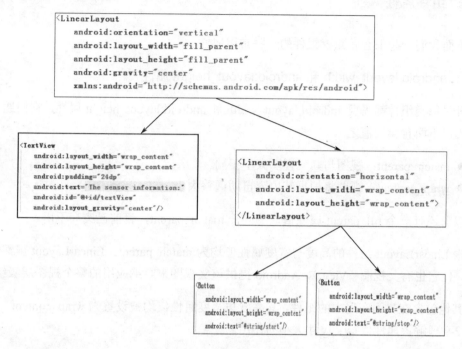

图 2-10　布局中组件及属性的层级结构

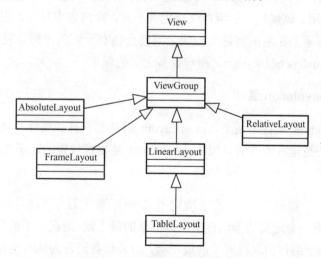

图 2-11　LinearLayout 与 View 继承关系

2.4.2 组件属性

下面我们一起来看看配置组件的一些常用属性。

1．android:layout_width 和 android:layout_height 属性

几乎每类组件都需要 android:layout_width 和 android:layout_height 属性，它们通常被设置为以下两种属性值之一。

- match_parent：视图与其父视图大小相同。
- wrap_content：视图将根据其内容自动调整大小。

以前还有一个 fill_parent 属性值，等同于 match_parent，目前已废弃不用。

根 LinearLayout 组件的高度与宽度属性值均为 match_parent。LinearLayout 虽然是根元素，但它也有父视图（View），Android 提供该父视图来容纳应用的整个视图层级结构。

其他包含在界面布局中的组件，其高度与宽度属性值均被设置为 wrap_content，请参照图 2-9 理解该属性值定义尺寸大小的作用。

TextView 组件比其包含的文字内容区域稍大一些，这主要是"android:padding="24dp""属性的作用。该属性告诉组件在决定大小时，除内容本身外，还需增加额外指定量的空间。这样屏幕上显示的问题与按钮之间便会留有一定的空间，使整体显得更为美观。dp 是 density-independent pixel，指与设备无关的像素。

2．android:orientation 属性

android:orientation 属性是两个 LinearLayout 组件都具有的属性，决定了两者的子组件是水平放置的还是垂直放置的。根 LinearLayout 是垂直放置的，子 LinearLayout 是放置水平的。

LinearLayout 子组件的定义顺序决定着其在屏幕上显示的顺序。在垂直放置的 LinearLayout 中，第一个定义的子组件出现在屏幕的最上端；而在水平放置的 LinearLayout 中，第一个定义的子组件出现在屏幕的最左端，如果设备语言为从右至左显示，如 Arabic 或者 Hebrew，第一个定义的子组件则出现在屏幕的最右端。

3. android:text 属性

TextView 组件与 Button 组件具有 android:text 属性，该属性指定组件显示的文字内容。请注意，android:text 属性的值不是字符串，而是对该字符串资源（String Resources）的引用。

字符串资源包含在一个独立的名为 strings 的 XML 文件中，虽然可以硬编码设置组件的文本属性，如 "android:text="True""，但通常这不是个好方法。将文字内容放置在独立的字符串资源 XML 文件中，然后引用它们才是好方法。

需要在 activity_sensor.xml 文件中引用的字符串资源目前还不存在，现在我们来添加这些资源。

2.4.3 创建字符串资源

每个项目都包含一个名为 strings.xml 的默认字符串文件。在包浏览器中，找到 "res/values" 目录，单击小三角显示目录内容，然后打开 strings.xml 文件。

忽略图形界面，在编辑区底部选择 strings.xml 标签页，切换到代码界面。可以看到，项目模版已经默认添加了一些字符串资源。删除不需要的 hello_world 部分，添加应用布局需要的三个新的字符串，如代码清单 2-3 所示。

代码清单 2-3　添加字符串资源（strings.xml）

```xml
<?xml version="1.0" encoding="utf-8"?>
<resources>
    <string name="app_name">SensorTest</string>
    <string name="hello_world">Hello, world!</string>
    <string name="info_text">The sensor information:</string>
    <string name="start_button">Start</string>
    <string name="stop_button">Stop</string>
    <string name="menu_settings">Settings</string>
</resources>
```

项目已默认配置好应用菜单，请勿删除 menu_settings 字符串设置，否则将导致与应用菜单相关的其他文件发生版式错误。

现在，在 SensorTest 项目的任何 XML 文件中，只要引用到@string/start_button，应用运行时，就会得到文本"Start"。

保存 strings.xml 文件，这时，activity_sensor.xml 布局曾经提示缺少字符串资源的信息应该不会再出现了（如仍有错误信息，那么检查一下这两个文件，确认是否存在输入或拼写错误）。

字符串文件默认被命名为 strings.xml，当然也可以按个人喜好任意取名。一个项目也可以有多个字符串文件，只要这些文件都放置在"res/values/"目录下，并且含有一个 resources 根元素，以及多个 string 子元素，字符串定义即可被应用找到并得到正确使用。

2.4.4 预览界面布局

至此，应用的界面布局已经完成，现在我们使用图形布局工具来进行实时预览。首先，确认保存了所有相关文件并且无错误发生，然后回到 activity_sensor.xml 文件，在编辑区底部选择图形布局标签页进行界面布局预览，如图 2-12 所示。

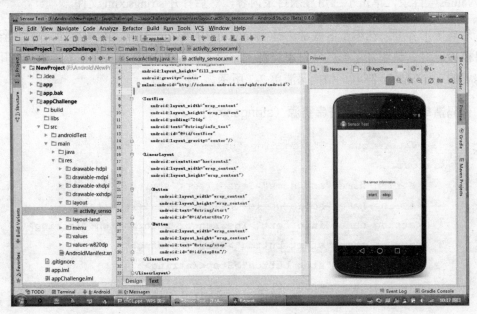

图 2-12 在图形布局工具中预览界面布局（activity_sensor.xml）

2.5 从布局 XML 到视图对象

想知道 activity_sensor.xml 中的 XML 元素是如何转换为视图对象的吗？答案就在于 SensorActivity 类。

在创建 SensorTest 项目的同时，也创建了一个名为 SensorActivity 的 Activity 子类。SensorActivity 类文件存放在项目的 src 目录下，该目录是项目全部 Java 源代码的存放路径。

在包浏览器中，依次展开 src 目录与 com.taabe.SensorTest 包，显示其中的内容。然后打开 SensorActivity.java 文件，逐行查看其中的代码，如代码清单 2-4 所示。

代码清单 2-4　SensorActivity 活动的默认类文件（SensorActivity.java）

```java
package com.example.ming.sensortest;
import android.app.Activity;
import android.os.Bundle;
import android.view.Menu;
public class SensorActivity extends Activity
{
    @Override
    public void onCreate(Bundle savedInstanceState)
    {
        super.onCreate(savedInstanceState);
        setContentView(R.layout.activity_sensor);
    }
    @Override
    public boolean onCreateOptionsMenu(Menu menu)
    {
        getMenuInflater().inflate(R.menu.activity_sensor, menu);
        return true;
    }
}
```

该 Java 类文件包含 onCreate(Bundle)和 onCreateOptionsMenu (Menu)两个 Activity 方

法。暂不用理会 onCreateOptionsMenu(Menu)方法。

Activity 子类的实例创建后，onCreate(Bundle)方法将会被调用。Activity 创建后，它需要获取并管理属于自己的用户界面。获取 Activity 的用户界面，可调用以下 Activity 方法。

```
public void setContentView(int layoutResID)
```

通过传入布局的资源 ID 参数，该方法生成指定布局的视图并将其放置在屏幕上。布局视图生成后，布局文件包含的组件也随之以各自的属性定义完成实例化。

布局是一种资源，资源是应用非代码形式的内容，如图像文件、音频文件和 XML 文件等。

项目的所有资源文件都存放在目录 res 的子目录下，通过包浏览器可以看到，布局 activity_sensor.xml 资源文件存放在"res/layout/"目录下，包含字符串资源的 strings 文件存放在"res/values/"目录下。

我们可以使用资源 ID 在代码中获取相应的资源，activity_sensor.xml 文件定义的布局资源 ID 为 R.layout.activity_sensor。

在包浏览器展开目录 gen，找到并打开 R.java 文件，即可看到 SensorTest 应用当前所有的资源 ID。R.java 文件是在 Android 项目编译过程中自动生成的，遵照该文件头部的警示，请不要尝试修改该文件的内容，如代码清单 2-5 所示。

代码清单 2-5　SensorTest 应用当前的资源 ID（R.java）

```
/* AUTO-GENERATED FILE.  DO NOT MODIFY.
……
*/
package com.bignerdranch.android.SensorTest;
public final class R
{
    public static final class attr
    {
    }
    public static final class drawable
```

```
    {
        public static final int ic_launcher=0x7f020000;
    }
    public static final class id
    {
        public static final int menu_settings=0x7f070003;
    }
    public static final class layout
    {
        public static final int activity_sensor=0x7f030000;
    }
    public static final class menu
    {
       public static final int activity_sensor=0x7f060000;
    }
    public static final class string
    {
        public static final int app_name=0x7f040000;
        public static final int menu_settings=0x7f040006;
        public static final int info_text=0x7f040001;
        public static final int start_button=0x7f040002;
        public static final int stop_button=0x7f040003;
    }
    ……
}
```

可以看到，R.layout.activity_sensor 就来自该文件，activity_sensor 是 R 的内部类 layout 中的一个整型常量名。

我们定义的字符串同样具有资源 ID。到目前为止，我们还未在代码中引用过字符串，如果需要，则应该使用以下方法。

```
    setTitle(R.string.app_name);
```

Android 为整个布局文件，以及各个字符串生成资源 ID，但 activity_sensor.xml 布局文件中的组件除外，因为不是所有的组件都需要资源 ID。在本章中，我们只用到两个按钮，因此只需为这两个按钮生成相应的资源 ID 即可。

要为组件生成资源 ID，需要在定义组件时为其添加上 android:id 属性。在 activity_sensor.xml 文件中，分别为两个按钮添加上 android:id 属性，如代码清单 2-6 所示。

代码清单 2-6　为按钮添加资源 ID（activity_sensor.xml）

```xml
<LinearLayout xmlns:android="http://schemas.android.com/apk/res/android"
    ……>
    <TextView
      android:layout_width="wrap_content"
      android:layout_height="wrap_content"
      android:padding="24dp"
      android:text="@string/info_text" />
    <LinearLayout
      android:layout_width="wrap_content"
      android:layout_height="wrap_content"
      android:orientation="horizontal">
      <Button
        android:id="@+id/start_button"
        android:layout_width="wrap_content"
        android:layout_height="wrap_content"
        android:text="@string/start_button" />
      <Button
        android:id="@+id/stop_button"
        android:layout_width="wrap_content"
        android:layout_height="wrap_content"
        android:text="@string/stop_button" />
    </LinearLayout>
</LinearLayout>
```

请注意 android:id 属性值前面有一个"+"标志，而 android:text 属性值则没有，这是因为我们将要创建资源 ID，而对字符串资源只是做了引用。

保存 activity_sensor.xml 文件，重新查看 R.java 文件，确认 R.id 内部类中生成了两个新的资源 ID，如代码清单 2-7 所示。

代码清单 2-7　新的资源 ID（R.java）

```java
public final class R {
    ……
    public static final class id {
        public static final int menu_settings=0x7f070002;
        public static final int start_button=0x7f070000;
        public static final int stop_button=0x7f070001;
    }
    ……
}
```

2.6　组件的实际应用

既然按钮有了资源 ID，就可以在 SensorActivity 中直接获取它们。首先，在 SensorActivity.java 文件中增加两个成员变量。

在 SensorActivity.java 文件中输入代码清单 2-8 所示的代码（请勿使用代码自动补全功能）。

代码清单 2-8　添加成员变量（SensorActivity.java）

```java
public class SensorActivity extends Activity
{
    private Button mStartButton;
    private Button mStopButton;
    @Override
    public void onCreate(Bundle savedInstanceState)
    {
        super.onCreate(savedInstanceState);
        setContentView(R.layout.activity_sensor);
    }
    ……
}
```

文件保存后，可看到两个错误提示。没关系，这两个错误马上就可以纠正。请注意新增的两个成员（实例）变量名称的 m 前缀，该前缀是 Android 编程所遵循的命名约定，本书将始终遵循该约定。

现在，将鼠标移至代码左边的错误提示处，可看到两条同样的错误：

```
Button cannot be resolved to a type
```

该错误提示告诉我们需要在 SensorActivity.java 文件中导入 android.widget.Button 类包，我们可以在文件头部手动输入以下代码。

```
import android.widget.Button;
```

也可以采用下面介绍的便捷方式自动导入。

2.6.1 类包组织导入

使用类包组织导入，就是让 Android Studio 依据代码来决定应该导入哪些 Java 或 Android SDK 类包。如果之前导入的类包不再需要了，Android Studio 将会自动删除它们。

通过"Alt+Enter"组合键命令，进行类包组织导入，类包导入完成后，刚才的错误提示应该就会消失了。如果错误提示仍然存在，请检查 Java 代码及 XML 文件，确认是否存在输入或拼写错误。

接下来，我们来编码使用按钮组件，这需要以下两个步骤。

- 引用生成的视图对象；
- 为对象设置监听器，以响应用户操作。

2.6.2 引用组件

在 Activity 中，可通过以下 Activity 方法引用已生成的组件。

```
public View findViewById(int id)
```

该方法接收组件的资源 ID 作为参数，返回一个视图对象。

在 SensorActivity.java 文件中，使用按钮的资源 ID 获取生成的对象后，赋值给对应

的成员变量，如代码清单 2-9 所示。注意，赋值前，必须先将返回的 View 转型（Cast）为 Button。

代码清单 2-9　引用组件（SensorActivity.java）

```java
public class SensorActivity extends Activity
{
    private Button mStartButton;
    private Button mStopButton;
    @Override
    public void onCreate(Bundle savedInstanceState)
    {
        super.onCreate(savedInstanceState);
        setContentView(R.layout.activity_sensor);
        mStartButton= (Button)findViewById(R.id.start_button);
        mStopButton= (Button)findViewById(R.id.stop_button);
    }
    ……
```

2.6.3　设置监听器

　　Android 应用属于典型的事件驱动类型。不同于命令行或脚本程序，事件驱动型应用启动后，即开始等待行为事件的发生，如用户单击某个按钮的行为事件。事件也可以由操作系统或其他应用触发，但用户触发的事件更显而易见。

　　应用等待某个特定事件的发生，也可以说该应用正在"监听"特定事件。为响应某个事件而创建的对象叫作监听器（Listener），它是实现特定监听器接口的对象，用来监听某类事件的发生。

　　无须自己编写，Android SDK 已经为各种事件内置开发了很多监听器接口。本章介绍的应用需要监听用户单击按钮的事件，因此监听器需要实现 View.OnClickListener 接口。

　　首先处理"True"按钮，在 SensorActivity.java 文件中，在变量赋值语句后输入下列代码到 onCreate()方法内，如代码清单 2-10 所示。

代码清单 2-10 为 "True" 按钮设置监听器（SensorActivity.java）

```
……
@Override
public void onCreate(Bundle savedInstanceState)
{
    super.onCreate(savedInstanceState);
    setContentView(R.layout.activity_sensor);
    mStartButton= (Button)findViewById(R.id.start_button);
    mStartButton.setOnClickListener(new View.OnClickListener()
    {
        @Override
        public void onClick(View v)
        {
            // Does nothing yet, but soon!
        }
    });
    mStopButton= (Button)findViewById(R.id.stop_button);
}
```

如果遇到 "View cannot be resolved to a type" 的错误提示，请使用 "Alt+Enter" 快捷键导入 View 类。

在代码清单 2-10 中，我们设置了一个监听器，当按钮 mStartButton 被单击后，监听器会立即通知我们。setOnClickListener(OnClickListener)方法以监听器作为参数被调用，在特殊情况下，该方法以一个实现了 OnClickListener 接口的对象作为参数被调用。

1. 使用匿名内部类

SetOnClickListener(OnClickListener)方法传入的监听器参数是一个匿名内部类（Anonymous Inner Class）实现，语法看上去稍显复杂，不过，只需记住最外层括号内的全部实现代码是作为整体参数传入 SetOnClickListener(OnClickListener)方法内的即可，该传入的参数就是新建的一个匿名内部类的实现代码。

```
mStartButton.setOnClickListener(new View.OnClickListener()
{
```

```
        @Override
        public void onClick(View v)
        {
            // Does nothing yet, but soon!
        }
});
```

本书所有的监听器都作为匿名内部类来实现,这样做的好处有两个:其一,在大量代码块中,监听器方法的实现一目了然;其二,匿名内部类的使用只出现在一个地方,因此可以减少一些命名类的使用。

匿名内部类实现了 OnClickListener 接口,因此它也必须实现该接口唯一的 onClick(View)方法。onClick(View)方法的代码暂时是一个空结构,实现监听器接口需要实现 onClick(View)方法,但具体如何实现由使用者决定,因此即使是空的实现方法,编译器也是可以编译通过的。

参照代码清单 2-11 为 "Stop" 按钮设置类似的事件监听器。

代码清单 2-11　为按钮设置监听器（SensorActivity.java）

```
……
mStartButton.setOnClickListener(new View.OnClickListener()
{
    @Override
    public void onClick(View v)
    {
        // Does nothing yet, but soon!
    }
});
mStopButton= (Button)findViewById(R.id.stop_button);
mStopButton.setOnClickListener(new View.OnClickListener()
{
    @Override
    public void onClick(View v)
    {
        // Does nothing yet, but soon!
```

```
            }
        });
```

2. 创建提示消息

现在我们把按钮全副武装起来了,使其具有了可操作性。接下来要实现的就是分别单击两个按钮,弹出我们称为 Toast 的提示消息。Android 的 Toast 指用来通知用户的简短弹出消息,但无须用户输入或做出任何操作。这里,我们要做的就是使用 Toast 来告知用户使用的传感器是否被启动,如图 2-13 所示。

图 2-13 Toast 反馈消息提示

首先回到 strings.xml 文件,如代码清单 2-12 所示,为 Toast 添加消息显示用的字符串资源。

代码清单 2-12 增加 Toast 字符串(strings.xml)

```
<?xml version="1.0" encoding="utf-8"?>
<resources>
    <string name="app_name">SensorTest</string>
    <string name="info_text">The sensor information:</string>
```

```xml
        <string name="start_button">Start</string>
        <string name="stop_button">Stop</string>
        <string name="start_toast">started!</string>
        <string name="stop_toast">stopped!</string>
        <string name="menu_settings">Settings</string>
</resources>
```

通过调用来自 Toast 类的以下方法，可以创建一个 Toast。

```
public static Toast makeText(Context context, int resId, int duration)
```

该方法的 Context 参数通常是 Activity 的一个实例，Activity 本身就是 Context 的子类。

第二个参数是 Toast 待显示字符串消息的资源 ID。Toast 类必须利用 Context 才能找到并使用字符串的资源 ID。第三个参数通常是两个 Toast 常量中的一个，用来指定 Toast 消息显示的持续时间。

创建 Toast 后，可通过调用 Toast.show()方法使 Toast 消息显示在屏幕上。

在 SensorActivity 代码里，分别对两个按钮的监听器调用 makeText()方法。在添加 makeText()时，我们可以利用 Android Studio 的代码自动补全功能，让代码输入工作变得更加轻松。

3. 使用代码自动补全

代码自动补全功能可以节约大量开发时间，越早掌握受益越多。

参照代码清单 2-13，依次输入代码。当输入到 Toast 类后的点号时，Android Studio 会弹出一个窗口，窗口内显示了建议使用的 Toast 类的常量与方法。

为了便于选择所需的建议方法，可按 Tab 键移焦至自动补全弹出窗口上。如果想忽略 Android Studio 的代码自动补全功能，请不要按 Tab 键或使用鼠标单击弹出窗口，继续输入代码直至完成即可。

在列表建议清单里，选择"makeText(Context, int, int)"方法，代码自动补全功能会自动添加完成方法调用，包括参数的占位符值。

第一个占位符号默认加亮，直接输入实际参数值 SensorActivity.this，然后按 Tab 键转至下一个占位符，输入实际参数值，依次类推，直至参照代码清单 2-13 完成全部参数的输入。

代码清单 2-13　创建提示消息（SensorActivity.java）

```java
……
mStartButton.setOnClickListener(new View.OnClickListener()
{
    @Override
    public void onClick(View v)
    {
        Toast.makeText(SensorActivity.this,
                    R.string.start_toast,
                    Toast.LENGTH_SHORT).show();
    }
});
mStopButton.setOnClickListener(new View.OnClickListener()
{
    @Override
    public void onClick(View v)
    {
        Toast.makeText(SensorActivity.this,
                    R.string.stop_toast,
                    Toast.LENGTH_SHORT).show();
    }
});
```

在 makeText()里，传入 SensorActivity 实例作为 Context 的参数值。注意：此处应输入的参数是 SensorActivity.this，不要想当然地直接输入 this 作为参数。因为匿名类的使用，这里的 this 指的是监听器 View.OnClickListener。

使用代码自动补全功能，Eclipse 会自动导入所需的类，因此无须使用类包组织导入 Toast 类。

2.7 使用模拟器运行应用

要运行 Android 应用，需要使用硬件设备或者虚拟设备（Virtual Device）。开发工具中的 Android 设备模拟器可提供多种虚拟设备。

创建 Android 虚拟设备（AVD）的方法为：在 Android Studio 中，选择"Tools→Android→AVD Manager"菜单项，当弹出 AVD 管理器窗口时，单击窗口右边的"Create"按钮。

在弹出的对话框中，可以看到有很多配置虚拟设备的选项。对于首个虚拟设备，我们选择模拟运行"Android 4.1.2 - API Level 16"的设备，如图 2-14 所示。注意，如果使用的是 Windows 系统，需要将内存选项值（Memory Options）从 1024 改为 512，这样虚拟设备才能正常运行。配置完成后，单击"OK"按钮确认。

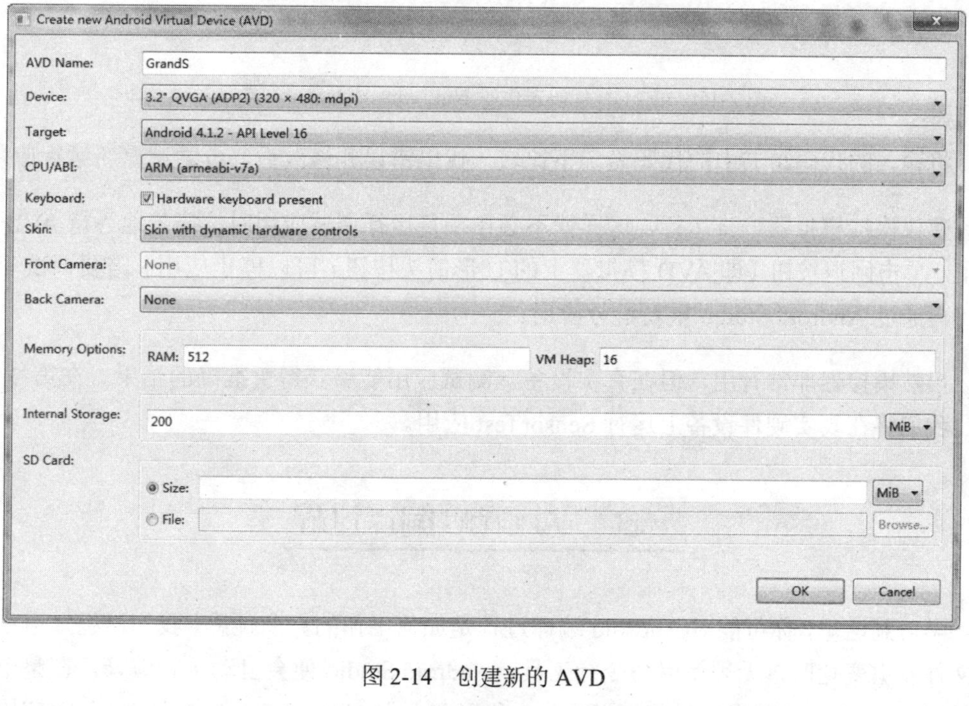

图 2-14 创建新的 AVD

AVD 创建成功后，我们用它运行 SensorTest 应用。在包浏览器中，右键单击 SensorTest 项目文件夹，在弹出的右键菜单中选择"Run As→Android Application"菜单项，Android Studio 会自动找到新建的虚拟设备，安装应用包（APK），然后启动并运行应用。在此过程中，如果 Android Studio 询问是否使用 LogCat 自动监控，请选择"Yes"。

启动虚拟机可能比较耗时，请耐心等待。设备启动完成，应用运行后，就可以在应用界面单击按钮，让 Toast 告诉我们结果。注意，如果应用启动运行后，我们凑巧不在计算机旁，回来时，就可能需要解锁 AVD。如同一台真实设备，AVD 闲置一定时间会自动锁上。

假如 SensorTest 应用启动时或在我们单击按钮时发生崩溃，LogCat 会出现在 Android Studio 工作区的底部。查看日志，可看到抢眼的红色异常信息，如图 2-15 所示。日志中的 Text 列可看到异常的名字，以及发生问题的具体位置。

图 2-15　第 21 行代码发生了 NullPointerException 异常

将输入的代码与书中的代码做一下比较，找出错误并修改后，再尝试重新运行应用。

建议保持模拟器一直运行，这样就不必在反复运行调试应用时，痛苦地等待 AVD 启动了。单击回退按钮（即 AVD 模拟器上的 U 形箭头按钮）可以停止应用。需要调试变更时，再通过 Android Studio 重新运行应用。

虽然模拟器非常有用，但在真实设备上测试应用能够获得更准确的结果。在第 3 章中，我们将在真实硬件设备上运行 SensorTest 应用。

2.8　Android 编译过程

学习到这里，你可能对 Android 编译过程是如何工作的充满疑惑。我们已经知道在项目文件发生变化时，无须使用命令行工具，Android Studio 便会自动进行编译。在整个编译过程中，Android 开发工具将资源文件、代码和 AndroidManifest.xml 文件（包含应用的元数据）编译生成.apk 文件，如图 2-16 所示。

为了让.apk 应用能够在模拟器上运行，.apk 文件必须以 debug key 签名。分发.apk 应用给用户时，应用必须以 release key 签名。如需了解更多有关编译过程的信息，可参考 Android 开发文档 http://developer.android.com/tools/publishing/preparing.html。

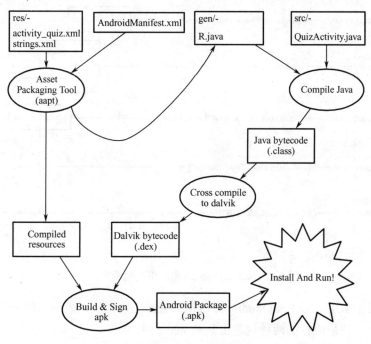

图 2-16　编译 SensorTest 应用

那么，应用的 activity_sensor.xml 布局文件的内容该如何转变为 View 对象呢？作为编译过程的一部分，AAPT（Android Asset Packaging Tool）将布局文件资源编译压缩后，打包到.apk 文件中。当 SensorActivity 类的 onCreate()方法调用 setContentView()方法时，SensorActivity 使用 LayoutInflater 类实例化定义在布局文件中的每一个 View 对象，如图 2-17 所示。

除了在 XML 文件中定义视图的方式外，也可以在 Activity 里使用代码的方式创建视图类。但应用展现层与逻辑层分离有很多好处，其中最主要的优点是可以利用 SDK 内置的设备改变配置，有关这一点将在后续章节中详细讲解。

到目前为止，所有的构建过程都是由 Android Studio 来帮我们完成的，通常构建过程集成到 ADT 插件中。ADT 插件会调用诸如 AAPT 这种标准的 Android 构建工具来构建我们的应用，但构建过程本身是由 Android Studio 管理的。

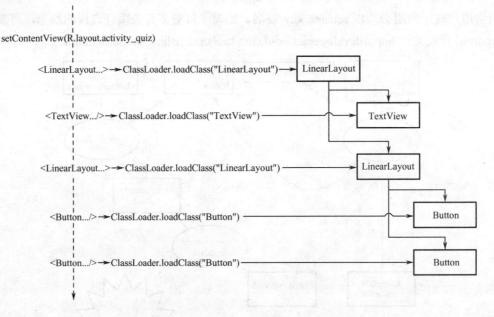

图 2-17　activity_sensor.xml 中的视图实例化

如果不使用 IDE（Android Studio 或 Eclipse）来构建程序，最简单的方法是使用命令行构建工具，目前最流行的两种构建工具是 maven 和 ant。

以 ant 为例，确保正确安装 ant，并保证 ant 能够运行；确保 Android SDK 中的"tools/"和"platform-tools/"目录包含在可执行文件的搜索路径中；进入工程目录按照以下命令执行。

```
1. $ android update project -p
2. $ ant debug
3. $ adb install bin/your-project-name-debug.apk
```

通过执行以上几条命令，就可以将应用安装到设备上（虚拟设备或实际设备），但这并不直接运行程序，需要手动单击应用图标来启动该程序。

第3章
Android 与 MVC 设计模式

本章将对 SensorTest 应用进行功能升级，让应用能够显示多个传感器读数信息，如图 3-1 所示。

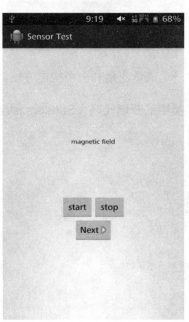

图 3-1　更多传感器

为实现目标，需要为 SensorTest 项目新增一个 Sensors 类，该类的一个实例用来封装一个传感器。然后创建一个 Sensors 数组对象交由 SensorActivity 管理。

3.1 创建新类

在包浏览器中,右键单击 com.example.ming.sensortest 类包,选择"New→Java Class"菜单项,弹出如图 3-2 所示的对话框,在类名(Name)处填入"Sensors",保持默认的超类 java.lang.Object 不变,然后单击"OK"按钮。

图 3-2 创建 Sensors 类

在 Sensors.java 中,新增一个成员变量和一个构造方法,如代码清单 3-1 所示。

代码清单 3-1 Sensors 类中的新增代码(Sensors.java)

```
public class Sensors
{
    private int mSensor;

    public Sensors(int sensor)
    {
        mSensor = sensor;
    }
}
```

为什么 mSensor 是 int 类型的,而不是 string 类型或其他类型呢?变量 mSensor 用来保存指示字符串的资源 ID,资源 ID 总是 int 类型,所以这里设置它为 int 而不是 string 类型。新增的两个变量需要 getter 与 setter 方法,为避免手工输入,可设置由 Android Studio 自动生成 getter 与 setter 方法,如下所述。

首先,配置 Android Studio 识别成员变量的 m 前缀,并且对于 boolean 类型的成员变量使用 is 而不是 get 前缀。

在 Android Studio 中依次打开"File→Settings",选择"Editor→Code Style→Java",在"Code Generation"选项卡下,在 Filed 行的"Name prefix"栏填入"m",即将 m 作为 filed 的前缀,如图 3-3 所示。在 ADT Bundle 中依次打开"Windows→Preferences"菜单,在 Java 选项下选择"Code Style"。

刚才设置的前缀有何作用呢?当要求 Android Studio 为 mSensor 生成 getter 和 setter 方法时,它生成的是 getSensor()和 setSensor(),而不是 getMSensor()方法和 setMSensor() 方法。

回到 Sensors.java 中,使用快捷键"Alt+Insert"打开 Generate,选择同时生成 getter 和 setter 方法,此时 Android Studio 会自动为 mSensor 变量生成 getter 和 setter 方法。

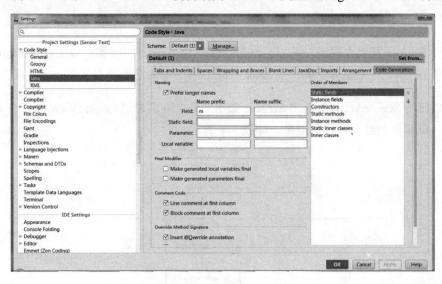

图 3-3　设置 Java 代码风格首选项

单击"OK"按钮,Android Studio 随即生成了这两个 getter 与 setter 方法的代码,如代码清单 3-2 所示。

代码清单 3-2　生成 getter 与 setter 方法(Sensors.java)

```
public class Sensors
{
```

```
private int mSensor;

public Sensors(int sensor)
{
    mSensor = sensor;
}
public int getSensor()
{
    return mSensor;
}
public void setSensor(int Sensor)
{
    mSensor = Sensor;
}
}
```

这样 Sensors 类就完成了。稍后，我们会修改 SensorActivity 类，以配合 Sensors 类的使用。现在，我们先来整体了解一下 SensorTest 应用，看看各个类是如何一起协同工作的。

我们使用 SensorActivity 创建 Sensors 数组对象，继而通过与 TextView 及三个 Button 的交互，在屏幕上显示传感器信息，如图 3-4 所示。

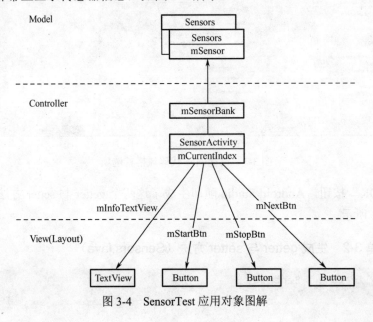

图 3-4 SensorTest 应用对象图解

3.2 Android 与 MVC 设计模式

如图 3-4 所示，应用的对象按模型（Model）、控制器（Controller）和视图（View）的类别被分为三部分。Android 应用是基于模型-控制器-视图（Model-View-Controller，MVC）的架构模式进行设计的，MVC 设计模式表明，应用的任何对象，归根结底都属于模型对象、视图对象，以及控制对象中的一种。

模型对象存储着应用的数据和业务逻辑，模型类通常被设计用来映射与应用相关的一些事物，如用户、商店里的商品、服务器上的图片或者一段电视节目，又或是 SensorTest 应用里的传感器信息。模型对象不关心用户界面，它存在的唯一目的就是存储和管理应用数据。Android 应用里的模型类通常就是我们创建的定制类，应用的全部模型对象组成了模型层，SensorTest 的模型层由 Sensors 类组成。

视图对象知道如何在屏幕上绘制自己，以及如何响应用户的输入，如用户的触摸等。一个简单的经验法则是，凡是能够在屏幕上看见的对象，就是视图对象。Android 默认自带了很多可配置的视图类，当然，也可以定制开发自己的视图类。应用的全部视图对象组成了视图层。

SensorTest 应用的视图层是由 activity_sensor.xml 文件中定义的各类组件构成的。

控制对象包含了应用的逻辑单元，是视图与模型对象的联系纽带。控制对象被设计用来响应由视图对象触发的各类事件，此外还用来管理模型对象与视图层间的数据流动。在 Android 的世界里，控制器通常是 Activity、Fragment 或 Service 的一个子类。本例中 SensorTest 的控制层仅由 SensorActivity 类组成。

图 3-5 展示了在响应用户单击按钮等事件时，对象间的交互控制数据流。注意，模型对象与视图对象不直接交互，控制器作为它们之间的联系纽带，接收来自对象的消息，然后向其他对象发送操作指令。

使用 MVC 设计模式的好处是：随着应用功能的持续扩展，应用往往会变得过于复杂而让人难以理解，以 Java 类的方式组织代码有助于我们从整体视角设计和理解应用，这样，我们就可以按类而不是一个个变量和方法去思考设计开发问题。

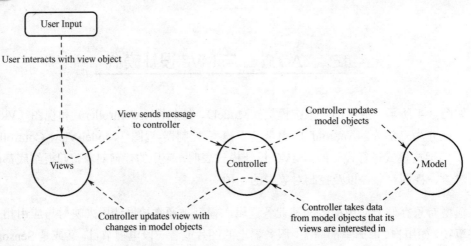

图 3-5　MVC 数据控制流与用户交互

同样，把 Java 类以模型层、视图层和控制层进行分类组织，也有助于我们设计和理解应用，这样，我们就可以按层而非一个个类来考虑设计开发了。

尽管 SensorTest 不是一个复杂的应用，但以 MVC 分层模式设计它的好处还是显而易见的。接下来，我们来升级 SensorTest 应用的视图层，并为它添加一个"Next"按钮。我们会发现，在添加"Next"按钮的过程中，可完全不用考虑刚才创建的 Sensors 类的存在。

使用 MVC 模式还可以让类的复用更加容易，相比功能多而全的类，有特别功能限定的专用类更加有利于代码的复用。

举例来说，模型类 Sensors 对用来显示传感器信息的控件一无所知，这样，就很容易在应用里按需自由使用 Sensors 类。假设现在想显示所有传感器列表，也很简单，直接复用 Sensors 对象逐条显示就可以了，而不需要改变模型对象。

3.3　更新视图层

了解了 MVC 设计模式后，现在我们来更新 SensorTest 应用的视图层，为其添加一个"Next"按钮。

在 Android 编程中，视图层对象通常生成自 XML 布局文件。SensorTest 应用唯一的布局定义在 activity_sensor.xml 文件中，布局定义文件中需要更新的地方如图 3-6 所示。

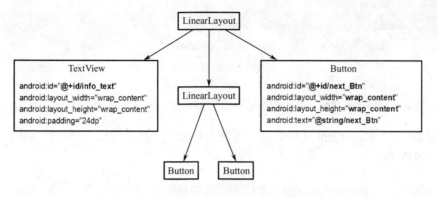

图 3-6 新增的按钮

应用视图层所需的变动操作如下。

(1) 删除 TextView 的 android:text 属性定义，这里不再需要硬编码。

(2) 为 TextView 新增 android:id 属性，TextView 组件需要一个资源 ID，以便在 SensorActivity 代码中为它设置要显示的文字。

(3) 以根 LinearLayout 为父组件，新增一个 Button 组件。

回到 activity_sensor.xml 文件中，参照代码清单 3-3 完成 XML 文件的相应修改。

代码清单 3-3　新增按钮以及文本视图的调整（activity_sensor.xml）

```
<LinearLayout
 ……>
 <TextView
   android:id="@+id/info_text"
   android:layout_width="wrap_content"
   android:layout_height="wrap_content"
   android:padding="24dp"
   android:text="@string/info_text" />
 <LinearLayout
   ……>
   ……
 </LinearLayout>
 <Button
```

```
        android:id="@+id/next_Btn"
        android:layout_width="wrap_content"
        android:layout_height="wrap_content"
        android:text="@string/next_Btn" />
</LinearLayout>
```

保存 activity_sensor.xml 文件，这时可能会得到一个熟悉的错误弹框提示，提醒我们缺少字符串资源。

返回到"res/values/strings.xml"文件中，删除硬编码的问题字符串，添加新按钮所需的字符串资源定义，如代码清单 3-4 所示。

代码清单 3-4　更新字符串资源定义（strings.xml）

```
……
    <string name="app_name">SensorTest</string>
    <string name="info_text">The sensor information:.</string>
    <string name="start">start</string>
    <string name="stop">stop</string>
    <string name="next_Btn">Next</string>
……
```

保持 strings.xml 文件处于打开状态，添加向用户显示的一组传感器信息字符串，如代码清单 3-5 所示。

代码清单 3-5　新增问题字符串（strings.xml）

```
……
    <string name="incorrect_toast">Incorrect!</string>
    <string name="menu_settings">Settings</string>
    <string name="sensor_accelerometer">accelerometer</string>
    <string name="sensor_gyroscope">gyroscope</string>
    <string name="sensor_light">light</string>
    <string name="sensor_magnetic_field">magnetic field</string>
    <string name="sensor_orientation">orientation</string>
……
```

保存修改过的文件，然后回到 activity_sensor.xml 文件中，在图形布局工具里预览确认修改后的布局文件。

至此，SensorTest 应用视图层的操作就全部完成了。接下来，我们对控制层的 SensorActivity 类进行代码编写与资源引用，从而最终完成 SensorTest 应用。

3.4 更新控制层

在第 2 章中，SensorTest 应用控制层的 SensorActivity 类的处理逻辑很简单：显示定义在 activity_sensor.xml 文件中的布局对象，通过在两个按钮上设置监听器，响应用户单击事件并创建提示消息。

既然现在需要获取和显示更多的传感器信息，那么 SensorActivity 类将需要更多的处理逻辑来关联 SensorTest 应用的模型层与视图层。

打开 SensorActivity.java 文件，添加 TextView 和新的 Button 变量。另外，再创建一个 Sensors 对象数组，以及一个该数组的索引变量，如代码清单 3-6 所示。

代码清单 3-6　增加按钮变量及 Sensors 对象数组（SensorActivity.java）

```
public class SensorActivity extends Activity
{
    private Button mStartButton;
    private Button mStopButton;
    private Button mNextButton;
    private TextView mInfoTextView;

    private Sensors[] mSensorsBank = new Sensors[]
    {
        new Sensors(R.string.sensor_accelerometer),
        new Sensors(R.string.sensor_gyroscope),
        new Sensors(R.string.sensor_light),
        new Sensors(R.string.sensor_magnetic_filed),
        new Sensors(R.string.sensor_orientation),
    };
```

```
    private int mCurrentIndex = 0;
……
```

这里,我们通过多次调用 Sensors 类的构造方法,创建了一个 Sensors 对象数组。

在更为复杂的项目里,这类数组的创建和存储需要单独处理。现在,为简单起见,我们选择在控制层代码中创建数组。

通过使用 mSensorBank 数组、mCurrentIndex 变量,以及 Sensors 对象的存取方法,从而把一系列问题显示在屏幕上。

首先,引用 TextView,并将其文本内容设置为当前数组索引所指向的问题,如代码清单 3-7 所示。

代码清单 3-7 使用 TextView(SensorActivity.java)

```
public class SensorActivity extends Activity
{
    ……
    @Override
    protected void onCreate(Bundle savedInstanceState)
    {
        super.onCreate(savedInstanceState);
        setContentView(R.layout.activity_sensor);
        mInfoTextView = (TextView)findViewById(R.id.info_text);
        int sensor = mSensorsBank[mCurrentIndex].getSensor();
        mInforTextView = TextView.setText(sensor);
        mStartButton = (Button)findViewById(R.id.start_Btn);
        ……
    }
}
```

保存所有文件,确保没有错误发生,然后运行 SensorTest 应用,可看到数组存储的第一个传感器信息显示在 TextView 上了。

现在我们来处理"Nextv 按钮。首先引用"Next"按钮,然后为其设置监听器 View.OnClick- Listener。该监听器的作用是递增数组索引并相应地更新显示 TextView 的文本内容，如代码清单 3-8 所示。

代码清单 3-8　使用新增按钮（SensorActivity.java）

```java
public class SensorActivity extends Activity
{
    ……
    @Override
    protected void onCreate(Bundle savedInstanceState)
    {
        super.onCreate(savedInstanceState);
        setContentView(R.layout.activity_sensor);
        mInfoTextView = (TextView)findViewById(R.id.info_text);
        int sensor = mSensorsBank[mCurrentIndex].getSensor();
        mSensorTextView.setText(sensor);
        ……
        mStartButton.setOnClickListener(new View.OnClickListener()
        {
            @Override
            public void onClick(View v)
            {
                Toast.makeText(SensorActivity.this,
                        R.string.start_toast,
                        Toast.LENGTH_SHORT).show();
            }
        });
        mNextButton = (Button)findViewById(R.id.next_Btn);
        mNextButton.setOnClickListener(new View.OnClickListener()
        {
            @Override
            public void onClick(View v)
            {
                mCurrentIndex = (mCurrentIndex + 1) % mSensorsBank.length;
                int sensor = mSensorsBank[mCurrentIndex].getSensor();
                mInfoTextView.setText(sensor);
            }
```

```
        });
    }
}
```

我们发现，用来更新 mInfoTextView 变量的相同代码分布在了两个不同的地方。参照代码清单 3-9，花点时间把公共代码放在单独的私有方法里，然后在 mNextButton 监听器中，以及 onCreate(Bundle)方法的末尾分别调用该方法，从而初步设置 Activity 视图中的文本。

代码清单 3-9　使用 updateSensor()封装公共代码（SensorActivity.java）

```
public class SensorActivity extends Activity
{
    ……
    private void updateSensor()
    {
        int sensor = mSensorsBank[mCurrentIndex].getSensor();
        mInfoTextView.setText(sensor);
    }
    @Override
    protected void onCreate(Bundle savedInstanceState)
    {
        ……
        mInfoTextView = (TextView)findViewById(R.id.info_text);
        int sensor = mSensorsBank[mCurrentIndex].getSensor();
        mInfoTextView.setText(sensor);
        mNextButton.setOnClickListener(new View.OnClickListener()
        {
            @Override
            public void onClick(View v)
            {
                mCurrentIndex = (mCurrentIndex + 1) % mSensorBank.length;
                int sensor = mSensorsBank[mCurrentIndex].getSensor();
                mInfoTextView.setText(sensor);
                updateSensor();
            }
```

```
            });
            updateSensor();
    }
}
```

现在，运行 SensorTest 应用验证新增的"Next"按钮。SensorTest 应用已经为再次运行做好准备了，接下来让我们在真实设备上运行一下吧。

3.5 在设备上运行应用

本节我们将学习系统设备，以及应用的设置方法，从而实现在硬件设备上运行 SensorTest 应用。

3.5.1 连接设备

首先，将设备连接到系统上。如果是在 Mac 系统上开发的，系统应该会立即识别出所用设备；如果是 Windows 系统，则可能需要安装 ADB（Android Debug Bridger）驱动，如果 Windows 系统自身无法找到 ADB 驱动，请到设备的制造商网站上去下载一个。

打开 Android Device Monitor 中的 DDMS，确认设备已经连接上，可单击工具栏中的 Android Devices Monitor 来快速打开 DDMS 透视图。在打开的 DDMS 视图中，左手边是 Devices 视图，AVD 以及硬件设备应该已经列在了 Devices 视图里。

如果遇到设备无法识别的问题，首先尝试重置 ADB。在 Devices 视图里，单击该视图右上方向下的箭头以显示一个菜单，选择底部的"Reset adb"菜单选项，稍等片刻，设备可能就会出现在列表中。

如果重置 ADB 不起作用，请访问 http://developer.android.com/tools/device.html 开发网站寻求帮助信息。

3.5.2 配置设备用于应用开发

要在设备上运行应用，首先应设置设备允许 USB 调试功能。

（1）Android 4.0 以前版本的设备，选择"设定→应用项→开发"，找到并勾选"USB 调试"选项。

（2）Android 4.0 或 4.1 版本的设备，选择"设定→开发"项，找到并勾选"USB 调试"选项。

（3）Android 4.2 及更高版本的设备，开发选项默认不可见。先选择"设定→关于平板/手机"项，通过单击版本号（BuildNumber）7 次启用它，然后回到"设定"项，选择"开发"项，找到并勾选"USB 调试"选项。

从以上操作中我们可以看出，不同版本设备的设置差异较大。如在设置过程中遇到问题，请访问 http://developer.android.com/tools/device.html 寻找帮助信息。

再次运行 SensorTest 应用，Android Studio 会询问是在虚拟设备上，还是在硬件设备上运行应用，选择硬件设备并继续，SensorTest 应用应该已经在设备上开始运行了，如图 3-7 所示。

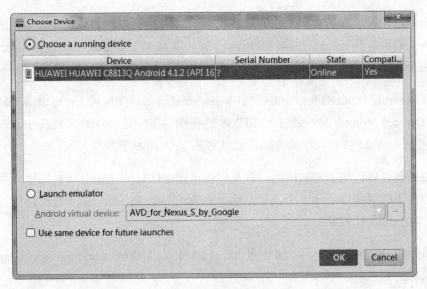

图 3-7　运行设备选择

如果 Android Studio 没有提供选择，应用依然在虚拟设备上运行了，请按以上步骤重新检查设备设置，并确保设备与系统已正确连接。

3.6 添加图标资源

SensorTest 应用现在已经能正常运行了。假如"Next"按钮上能够显示向右的图标，用户界面看起来应该会更美。

可以从 http://www.bignerdranch.com/solutions/AndroidProgramming.zip 网址下载图标资源。

按以上链接下载文件后，将资源文件"Android Programming/05_Second Activity/GeoQuiz/res/"添加至项目对应"src/main/res/"文件夹下。在该目录下，再找到 drawable-hdpi、drawable-mdpi 和 drawable-xhdpi 三个目录。

三个目录各自的后缀名代表设备的像素密度。

- mdpi：中等像素密度屏幕（约160dpi）。
- hdpi：高像素密度屏幕（约240dpi）。
- xhdpi：超高像素密度屏幕（约320dpi）。
- xxhdpi：超超高像素密度屏幕（约480dpi）。

还有一个 low-density-ldpi 目录，不过，目前大多数低像素密度的设备基本已停止使用，可以不用理会。

在每个目录下，都可看到名为 arrow_right.png 和 arrow_left.png 的两个图片文件，这些图片文件都是按照目录名对应的 dpi 进行定制的。

在正式发布的应用里，为不同 dpi 的设备提供定制化的图片非常重要。这样可以避免使用同一套图片时，为适应不同设备，图片被拉伸后带来的失真感。项目中的所有图片资源都会随应用安装在设备里，Android 操作系统知道如何为不同设备提供最佳匹配。

3.6.1 向项目中添加资源

接下来，需将图片文件添加到 SensorTest 项目资源中去。

在 Android Studio 的包浏览器中，打开 res 目录，找到匹配各类像素密度的子目录，如图3-8所示。

图 3-8　SensorTest 应用 drawable 目录中的箭头图标

然后将已下载文件目录中对应的图片文件复制到项目的对应目录中。

任何添加到"res/drawable"目录中的、后缀名为.png、.jpg 或者.gif 的文件都会被自动赋予资源 ID。注意，文件名必须是小写字母且不能有任何空格符号。

完成图片资源文件复制后，打开"build/generated/source/r/debug/包名/R.java"文件，在 R.drawable 内部类中查看新的图片资源 ID，可以看到系统仅新生成了 R.drawable.arrow_left 和 R.drawable.arrow_right 两个资源 ID。

这些资源 ID 没有按照屏幕密度匹配，因此不需要在运行的时候确定设备的屏幕像素密度，只需在代码中引用这些资源 ID 就可以了。应用运行时，操作系统知道如何在特定的设备上显示匹配的图片。

3.6.2　在 XML 文件中引用资源

在代码中，可以使用资源 ID 引用资源。但如果想在布局定义中配置"Next"按钮显示箭头图标的话，又要如何在布局 XML 文件中引用资源呢？

语法只是稍有不同。打开 activity_sensor.xml 文件，为 Button 组件新增两个属性，如

代码清单 3-10 所示。

代码清单 3-10　为 Next 按钮增加图标（activity_sensor.xml）

```
<LinearLayout
    ……>
    ……
    <LinearLayout
        ……>
        ……
    </LinearLayout>
    <Button
        android:id="@+id/next_button"
        android:layout_width="wrap_content"
        android:layout_height="wrap_content"
        android:text="@string/next_sensor_button"
        android:drawableRight="@drawable/arrow_right"
        android:drawablePadding="4dp"
        />
</LinearLayout>
```

在 XML 资源文件中，通过资源类型和资源名称可引用其他资源。以"@string/"开头的定义是引用字符串资源，以"@drawable/"开头的定义是引用 drawable 资源。

运行 SensorTest 应用。新按钮很漂亮吧？测试一下，确认它仍然正常工作。

然而，SensorTest 应用有个 bug。SensorTest 应用运行时，单击"Next"按钮显示下一道测试题，然后旋转设备，如果是在模拟器上运行的应用，请按组合键"Fn+Control+F12"或"Ctrl+F12"实现旋转。

我们发现，设备旋转后应用又显示了第一道测试题。怎么回事？如何修正呢？

要解决此类问题，需了解 Activity 生命周期的概念。后续章节将会做专题介绍。

3.7 挑战练习一：为 TextView 添加监听器

"Next"按钮很好，但如果用户单击应用的 TextView 文字区域（传感器信息），就可跳转到下一个传感器信息，用户体验应该会更好，读者可以试一试。

提示：TextView 也是 View 的子类，因此就如同 Button 一样，可为 TextView 设置 View.OnClickListener 监听器。

3.8 挑战练习二：添加后退按钮

在 SensorTest 应用的用户界面上新增后退（Prve）按钮，用户单击时，可以显示上一个传感器信息，完成后的用户界面应如图 3-9 所示。

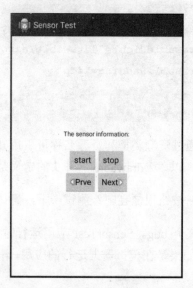

图 3-9 添加了后退（Prve）按钮的用户界面

3.9 挑战练习三：从按钮到图标按钮

如果在前进与后退按钮上只显示指示图标，用户界面看起来可能会更加简洁美观。

只显示图标按钮的用户界面如图 3-10 所示。

图 3-10　只显示图标的按钮

完成此练习，需将用户界面上的普通 Button 组件替换成 ImageButton 组件。

ImageButton 组件继承 ImageView，Button 组件则继承 Textview，ImageButton 和 Button 与 View 间的继承关系如图 3-11 所示。

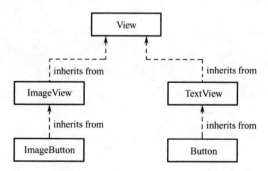

图 3-11　ImageButton 和 Button 与 View 间的继承关系

如以下代码所示，将 Button 组件替换成 ImageButton 组件，删除 "Next" 按钮的 text，以及 drawable 属性定义，并添加 ImageView 属性。

```
<Button ImageButton
    android:id="@+id/next_button"
```

```
android:layout_width="wrap_content"
android:layout_height="wrap_content"
android:text="@string/next_button"
android:drawableRight="@drawable/arrow_right"
android:drawablePadding="4dp"
android:src="@drawable/arrow_right" />
```

当然，别忘了调整 SensorActivity 类代码，使替换后的 ImageButton 能够正常工作。

将按钮组件替换成 ImageButton 后，Android Studio 会警告说找不到 android:contentDescription 属性定义。该属性为视力障碍用户提供方便，在为其设置文字属性值后，如果用户设备的可访问性选项做了相应设置，那么当用户单击图形按钮时，设备便会读出属性值的内容。

最后，为每个 ImageButton 都添加上 android:contentDescription 属性定义。

第 4 章
Activity 的生命周期

每个 Activity 实例都有各自的生命周期，在其生命周期内，Activity 在运行、暂停和停止三种可能的状态间进行转换。每次状态发生转换时，都由一个 Activity 方法将状态改变的消息通知给 Activity。图 4-1 显示了 Activity 的生命周期、状态及状态切换时系统调用的方法。

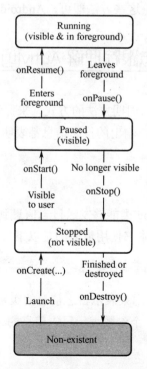

图 4-1 Activity 的状态图解

利用图 4-1 所示的方法，Activity 的子类可以在 Activity 的生命周期状态发生关键性转换时完成某些工作。

我们已经熟悉了这些方法中的 onCreate(Bundle)方法，在创建 Activity 实例后，但在此实例出现在屏幕上以前，Android 操作系统会调用该方法。

通常，Activity 通过覆盖 onCreate()方法来准备以下用户界面的相关工作。

（1）实例化组件并将组件放置在屏幕上，调用方法为 setContentView(int)。

（2）引用已实例化的组件。

（3）为组件设置监听器以处理用户交互。

（4）访问外部模型数据。

无须自己调用 onCreate()方法或任何其他 Activity 生命周期方法，理解这一点很重要。我们只需要在 Activity 子类里覆盖这些方法即可，Android 会适时去调用它们。

4.1 日志跟踪理解 Activity 生命周期

本节将通过覆盖 Activity 生命周期方法的方式，来探索 SensorActivity 的生命周期。在每一个覆盖方法的具体实现里，输出的日志信息都表明了当前方法已被调用。

4.1.1 输出日志信息

Android 内部的 android.util.log 类能够发送日志信息到系统级别的共享日志中心。Log 类有好几个日志信息记录方法，本书使用最多的是以下方法。

```
public static int d(String tab, String msg)
```

d 代表着"debug"的意思，用来表示日志信息的级别（本章 4.6 节将会更为详细地讲解有关 Log 级别的内容），第一个参数表示日志信息的来源，第二个参数表示日志的具体内容。

该方法的第一个参数通常以类名为值的 TAG 常量传入，这样很容易看出日志信息的来源。在 SensorActivity.java 中，为 SensorActivity 类新增一个 TAG 常量，如代码清单 4-1 所示。

代码清单 4-1　新增一个 TAG 常量（SensorActivity.java）

```
public class SensorActivity extends Activity {
    private static final String TAG = "SensorActivity";
    ……
}
```

然后，在 onCreate()方法里调用 Log.d()方法记录日志信息，如代码清单 4-2 所示。

代码清单 4-2　为 onCreate()方法添加日志输出代码（SensorActivity.java）

```
public class SensorActivity extends Activity {
    ……
    @Override
    public void onCreate(Bundle savedInstanceState) {
        super.onCreate(savedInstanceState);
        Log.d(TAG, "onCreate(Bundle) called");
        setContentView(R.layout.activity_sensor);
        
        ……
```

参照代码清单 4-2 输入相应的代码，Android Studio 可能会提示无法识别 Log 类的错误。这时，记得使用"Alt+Enter"组合键进行类包组织的导入。在 Android Studio 询问引入哪个类时，选择 android.util.Log 类。

接下来，在 SensorActivity 类中，继续覆盖其他五个生命周期方法，如代码清单 4-3 所示。

代码清单 4-3　覆盖更多生命周期方法（SensorActivity.java）

```
    } // End of onCreate(Bundle)
    @Override
    public void onStart()
    {
        super.onStart();
```

```
        Log.d(TAG, "onStart() called");
    }
    @Override
    public void onPause()
    {
        super.onPause();
        Log.d(TAG, "onPause() called");
    }
    @Override
    public void onResume()
    {
        super.onResume();
        Log.d(TAG, "onResume() called");
    }
    @Override
    public void onStop()
    {
        super.onStop();
        Log.d(TAG, "onStop() called");
    }
    @Override
    public void onDestroy()
    {
        super.onDestroy();
        Log.d(TAG, "onDestroy() called");
    }
}
```

请注意，我们先调用了超类的实现方法，然后调用了具体日志的记录方法，调用这些超类方法是必不可少的。在 onCreate()方法里，必须先调用超类的实现方法，然后调用其他方法，这一点很关键。而在其他方法中，是否首先调用超类方法就不那么重要了。

为何要使用@Override 注解呢？可能一直以来你都对此感到非常困惑。使用@Override 注解，即要求编译器保证当前类具有准备覆盖的方法。例如，对于如下代码中名称拼写错误的方法，编译器将发出警告。

```
public class SensorActivity extends Activity
{
    @Override
    public void onCreat(Bundle savedInstanceState)
    {
        super.onCreate(savedInstanceState);
        setContentView(R.layout.activity_sensor);
    }
    ……
```

由于 Activity 类中不存在 onCreat(Bundle)方法，因此编译器发出了警告，这样就可以改正拼写错误，而不是碰巧实现了一个名为 SensorActivity.onCreat(Bundle)的方法。

4.1.2 使用 LogCat

应用运行时，可以使用 LogCat 工具来查看日志，LogCat 是 Android SDK 工具中的日志查看器。要想打开 LogCat，可单击工具栏中的 Android Device Monitor。默认情况下会在界面的下部打开 LogCat 视图，如图 4-2 所示。

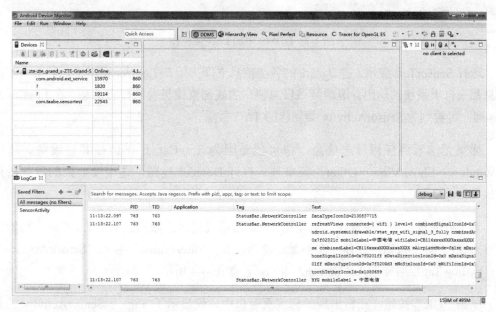

图 4-2 界面下部的 LogCat 视图

当然也可以单击面板中的 Android 选项卡，这里是简易的 DDMS，同样可以查看设备信息和 LogCat 信息，如图 4-3 所示。

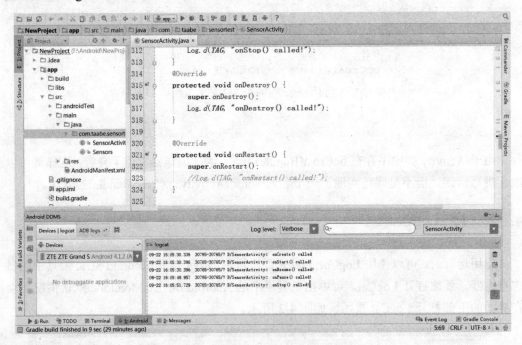

图 4-3　DDMS 中的 LogCat 视图

运行 SensorTest 应用，急速翻滚的各类信息立即出现在 LogCat 窗口中，其中大部分信息都来自于系统的输出。滚动到该日志窗口的底部查找想看的日志信息，在 LogCat 的 Tag 列，可看到为 SensorActivity 类创建的 TAG 常量。

如果无法看到任何日志信息，很可能是因为 LogCat 正在监控其他设备。选择"Window→Show View→Other"菜单项，打开 Devices 视图，选中要监控的设备后再切换回 LogCat。

为了方便日志信息的查找，可使用 TAG 常量过滤日志输出。单击 LogCat 左边窗口上方的绿色"+"按钮，创建一个消息过滤器。在"Filter Name"输入"SensorActivity"，在"by Log Tag"同样输入"SensorActivity"，如图 4-4 所示。

单击"OK"按钮，在新出现的标签页窗口中，仅显示了 Tag 为 SensorActivity 的日志信息，如图 4-5 所示，在日志里可以看到，SensorTest 应用启动并完成 SensorActivity

初始实例创建后，有三个生命周期方法被调用了。

图 4-4　在 LogCat 中创建过滤器

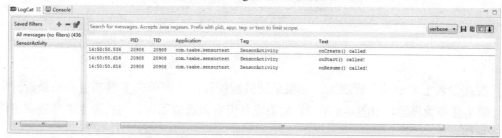

图 4-5　应用启动后，被调用的三个生命周期方法

这里的 SensorActivity 就是我们刚刚添加的 Filter 名称，当 Sensor Test 程序启动后在这个选项中会出现三条日志信息，依次为 onCreate()、onStart()、onResume()被调用的信息。onResume()被调用表明我们的 SensorTest 已经创建并且处在运行中等待和用户的交互。

如看不到过滤后的信息列表，请选择 LogCat 左边窗口的 SensorActivity 过滤项。

现在我们来做个有趣的实验。在设备上单击"后退"按钮，再查看 LogCat。可以看到，日志显示 SensorActivity 的 onPause()、onStop()和 onDestroy()方法被调用了，如图 4-6 所示。

图 4-6　单击后退键销毁 Activity

单击设备的"后退"按钮，相当于通知 Android 系统"我已完成 Activity 的使用，现在不需要它了"，接到指令后，系统立即销毁了 Activity。这实际是 Android 系统节约使用设备有限资源的一种方式。

重新运行 SensorTest 应用，这次，选择单击主屏幕键，然后查看 LogCat，日志显示系统调用了 SensorActivity 的 onPause()和 onStop()方法，但并没有调用 onDestroy()方法，如图 4-7 所示。

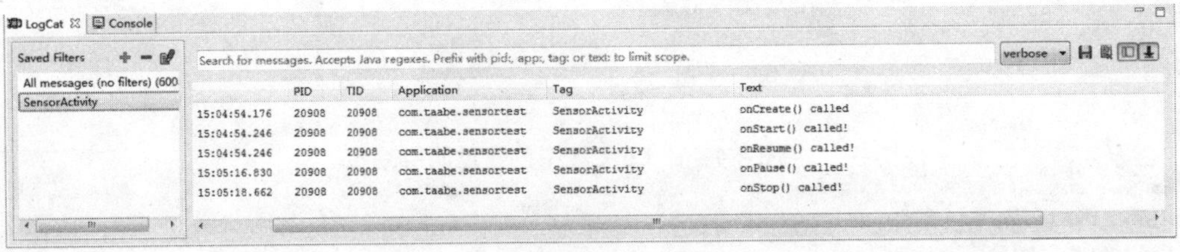

图 4-7 单击主屏幕键停止 Activity

要在设备上调出任务管理器，如果是比较新的设备，可单击主屏幕键旁的最近应用键，调出任务管理器，如图 4-8 所示。如果设备没有最近应用键，则长按主屏幕键调出任务管理器。

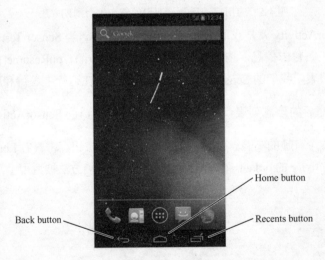

图 4-8 主屏幕键，后退键以及最近应用键

在任务管理器中，单击 SensorTest 应用，然后查看 LogCat。日志显示，Activity 无须新建即可启动并重新开始运行。可以看到 onStart()和 onResume()被调用了，说明 Android

第4章 Activity 的生命周期

并没有销毁我们的 Activity，所以不用再次调用 onCreate()创建这个 Activity，如图 4-9 所示。

图 4-9　启动和回复 Activity

单击主屏幕键，相当于通知 Android "我去别处看看，稍后可能回来"。此时，为快速响应随时返回应用，Android 只是暂停当前 Activity 而并不销毁它。

需要注意的是，停止的 Activity 能够存在多久，谁也无法保证。如果系统需要回收内存，它将首先销毁那些停止的 Activity。

最后，想象一下存在一个会部分遮住当前 Activity 界面的小弹出窗口。它出现时，被遮住的 Activity 会被系统暂停，用户也无法同它交互；它关闭时，被遮住的 Activity 将会重新开始运行。

在本书的后续学习过程中，为了完成各种实际的任务，需使用不同的生命周期方法。通过这样不断地实践，将学习到更多使用生命周期方法的知识。

4.2　设备旋转与 Activity 生命周期

现在，我们来处理第 3 章结束时发现的应用缺陷。运行 SensorTest 应用，单击 "Next" 按钮显示第二个传感器信息，然后旋转设备。模拟器的旋转，使用 "Fn+Control+F12" 或 "Ctrl+F12" 组合键。

设备旋转后，SensorTest 应用又重新显示了第一个传感器的信息。查看 LogCat 日志查找问题原因，如图 4-10 所示。

设备旋转时，当前看到的 SensorActivity 实例会被系统销毁，即调用来 onDestroy()，然后创建一个新的 SensorActivity 实例。再次旋转设备，查看该销毁与再创建的过程。

图 4-10　SensorActivity 的 LogCat 日志

这就是问题产生的原因，每次创建新的 SensorActivity 实例时，mCurrentIndex 会被初始化为 0，因此用户又回到了第一个问题上。稍后我们会修正这个缺陷，现在先来深入地分析一下该问题产生的原因。

4.2.1　设备配置与备选资源

旋转设备会改变设备配置（Device Configuration），设备配置是用来描述设备当前状态的一系列特征，这些特征包括屏幕的方向、屏幕的密度、屏幕的尺寸、键盘类型、底座模式及语言等。

通常，为匹配不同的设备配置，应用会提供不同的备选资源。为适应不同分辨率的屏幕，向项目里添加多套箭头图标就是这样一个使用案例。

设备的屏幕密度是一个固定的设备配置，无法在运行时发生改变。然而，有些特征，如屏幕方向，可以在应用运行时进行改变。

在运行时配置变更（Runtime Configuration Change）发生时，可能会有更合适的资源来匹配新的设备配置。眼见为实，下面新建一个备选资源，只要设备旋转至水平方位，Android 就会自动发现并使用它。

4.2.2　创建水平模式布局

首先，最小化 LogCat 窗口。如果不小心关掉了 Logcat，可选择"Window→Show View…"菜单项重新打开它。

然后，在包浏览器中，右键单击 res 目录创建一个新文件夹并命名为 layout-land，如图 4-11 所示。

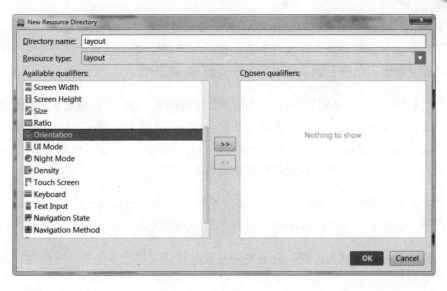

图 4-11　创建新文件夹

这里选择资源类型（Resource type）为 layout，在 Available qualifiers 中选择"Orientation"并添加到 Chosen qualifiers 中。单击"Landscape"，在右端出现的 Screen orientation 下拉列表中选择"Landscape"，如图 4-12 所示。

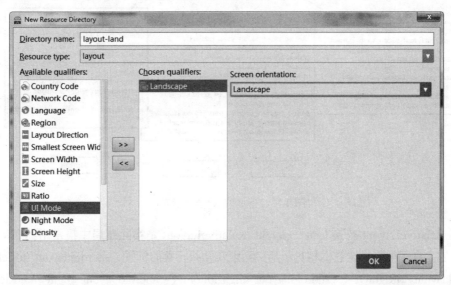

图 4-12　选择屏幕方向为 Landscape

将 activity_sensor.xml 文件从"res/layout/"目录复制到"res/layout-land/"目录。现在我们有了一个水平模式布局，以及一个默认布局（竖直模式）。注意，两个布局文件必须具有相同的文件名，这样它们才能以同一个资源 ID 被引用。

这里的后缀名-land 是配置修饰符的另一个使用例子。res 子目录的配置修饰符表明 Android 是如何通过它来定位最佳资源以匹配当前设备配置的。访问 Android 开发网页 http://developer.android.com/guide/topics/resources/providing-resources.html，可查看 Android 的配置修饰符列表，以及配置修饰符代表的设备配置信息。

设备处于水平方向时，Android 会找到并使用"res/layout-land"目录下的布局资源，其他情况下，会默认使用"res/layout"目录下的布局资源。

为与默认的布局文件相区别，我们需要对水平模式布局文件做出一些修改。图 4-13 显示了将要对默认资源文件做出的修改。

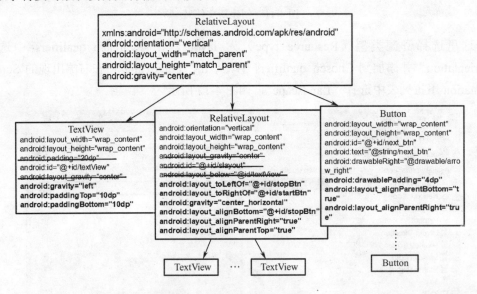

图 4-13　备选的水平模式布局

用 RelativeLayout 替换 LinearLayout。RelativeLayout 是实际布局中最常用的布局方式之一，它允许子元素指定它们相对于其父元素或兄弟元素的位置。android:layout_toLeftOf、android:layout_toRightOf、android:layout_alignBottom、android:layout_alignParentRight、android:layout_alignParentTop 这些属性都用来以相对位置来安排控件。RelativeLayout 用到的一些重要的属性如下。

第一类：属性值为 true 或 false。

- android:layout_centerHrizontal：水平居中。
- android:layout_centerVertical：垂直居中。
- android:layout_centerInparent：相对于父元素完全居中。
- android:layout_alignParentBottom：贴紧父元素的下边缘。
- android:layout_alignParentLeft：贴紧父元素的左边缘。
- android:layout_alignParentRight：贴紧父元素的右边缘。
- android:layout_alignParentTop：贴紧父元素的上边缘。
- android:layout_alignWithParentIfMissing：如果对应的兄弟元素找不到的话就以父元素作为参照物。

第二类：属性值必须为 id 的引用名 "@id/id-name"。

- android:layout_below：在某元素的下方。
- android:layout_above：在某元素的的上方。
- android:layout_toLeftOf：在某元素的左边。
- android:layout_toRightOf：在某元素的右边。
- android:layout_alignTop：本元素的上边缘和某元素的的上边缘对齐。
- android:layout_alignLeft：本元素的左边缘和某元素的的左边缘对齐。
- android:layout_alignBottom：本元素的下边缘和某元素的的下边缘对齐。
- android:layout_alignRight：本元素的右边缘和某元素的的右边缘对齐。

第三类：属性值为具体的像素值，如 30dip、40px。

- android:layout_marginBottom：离某元素底边缘的距离。
- android:layout_marginLeft：离某元素左边缘的距离。
- android:layout_marginRight：离某元素右边缘的距离。
- android:layout_marginTop：离某元素上边缘的距离。

RelativeLayout 灵活性很强，当然属性也多，操作难度也大，属性之间产生冲突的可能性也大，我们可以利用 Android Studio 提供的设计工具来较便捷地修改界面，如图 4-14 所示。

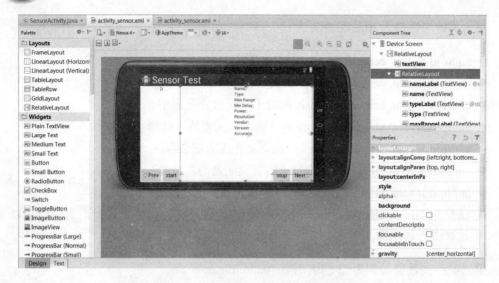

图 4-14　Landscape layout 的设计模式

在编辑区域下部选择 Design 标签，在设计模式（Design Mode）下，可选择左侧的控件拖放到编辑区域，以此来设计我们想要的界面，右侧区域是对每个控件属性的修改。

参照图 4-13，打开"layout-land/activity_sensor.xml"文件进行相应的修改，然后使用代码清单 4-4 做对比检查。

代码清单 4-4　水平模式布局修改（layout-land/activity_sensor.xml）

```
<LinearLayout xmlns:android="http://schemas.android.com/apk/res/android"
  android:layout_width="match_parent"
  android:layout_height="match_parent"
  android:gravity="center"
  android:orientation="vertical" >
<FrameLayout xmlns:android="http://schemas.android.com/apk/res/android"
  android:layout_width="match_parent"
  android:layout_height="match_parent" >
  <TextView
    android:id="@+id/Sensor_text_view"
    android:layout_width="wrap_content"
    android:layout_height="wrap_content"
    android:layout_gravity="center_horizontal"
```

```xml
        android:padding="24dp" />
    <LinearLayout
        android:layout_width="wrap_content"
        android:layout_height="wrap_content"
        android:layout_gravity="center_vertical|center_horizontal"
        android:orientation="horizontal" >
        ……
    </LinearLayout>
    <Button
        android:id="@+id/next_button"
        android:layout_width="wrap_content"
        android:layout_height="wrap_content"
        android:layout_gravity="bottom|right"
        android:text="@string/next_button"
        android:drawableRight="@drawable/arrow_right"
        android:drawablePadding="4dp"
        />
</LinearLayout>
</FrameLayout>
```

再次运行 SensorTest 应用，旋转设备至水平方位，查看新的布局界面，如图 4-15 所示。当然，这不仅仅是一个新的布局界面，也是一个新的 SensorActivity。

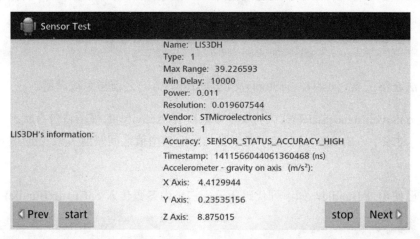

图 4-15　处于水平方位的 SensorActivity

设备旋转回竖直方位，可看到默认的布局界面，以及另一个新的 SensorActivity。

Android 可自动完成调用最佳匹配资源的工作，但前提是它必须通过新建一个 Activity 来实现。SensorActivity 要显示一个新布局，必须再次调用方法 setContentView (R.layout.activity_ sensor)，而调用 setContentView(R.layout.activity_sensor)方法又必须先调用 SensorActivity. onCreate()方法。因此，设备一经旋转，Android 需要销毁当前的 SensorActivity，然后新建一个 SensorActivity 来完成 SensorActivity.onCreate()方法的调用，从而使用最佳资源匹配新的设备配置。

请记住，只要在应用运行中设备配置发生了改变，Android 就会销毁当前 Activity，然后新建一个 Activity。另外，在应用运行中，虽然也会发生可用键盘或语言的改变，但设备屏幕方向的改变是最为常见的情况。

4.3 设备旋转前保存数据

适时使用备选资源虽然是 Android 提供的较完美的解决方案，但是，设备旋转所导致的 Activity 销毁与新建也会带来麻烦。例如，设备旋转后，SensorTest 应用会回到第一个传感器的缺陷。

要修正这个缺陷，旋转后新创建的 SensorActivity 需要知道 mCurrentIndex 变量的原有值，因此，在设备运行中发生配置变更时，如设备旋转，需采用某种方式保存以前的数据，覆盖以下 Activity 方法就是一种实现方式。

```
protected void onSaveInstanceState(Bundle outState)
```

该方法通常在 onPause()、onStop()及 onDestroy()方法之前由系统调用。

方法 onSaveInstanceState()默认的实现要求所有 Activity 的视图将自身状态数据保存在 Bundle 对象中，Bundle 是存储字符串键与限定类型值之间映射关系（键-值对）的一种结构。

之前已使用过 Bundle，如下列代码所示，它作为参数传入 onCreate(Bundle)方法。

```
@Override
    public void onCreate(Bundle savedInstanceState)
```

```
    {
        super.onCreate(savedInstanceState);
        ……
    }
```

覆盖 onCreate()方法时,我们实际是在调用 Activity 超类的 onCreate()方法,并传入收到的 Bundle。在超类代码实现里,通过取出保存的视图状态数据,Activity 的视图层级结构得以重新创建。

覆盖 onSaveInstanceState(Bundle)方法:可通过覆盖 onSaveInstanceState()方法将一些数据保存在 Bundle 中,然后在 onCreate()方法中取回这些数据。设备旋转时,将采用这种方式保存 mCurrentIndex 变量值。

首先,打开 SensorActivity.java 文件,新增一个常量作为将要存储在 Bundle 中的键-值对的键,如代码清单 4-5 所示。

代码清单 4-5　新增键-值对的键(SensorActivity.java)

```java
public class SensorActivity extends Activity
{
    private static final String TAG = "SensorActivity";
    private static final String KEY_INDEX = "index";
    Button mTrueButton;
    ……
}
```

然后,覆盖 onSaveInstanceState()方法,以刚才新增的常量值作为键,将 mCurrentIndex 变量值保存到 Bundle 中,如代码清单 4-6 所示。

代码清单 4-6　覆盖 onSaveInstanceState()方法(SensorActivity.java)

```java
mNextButton.setOnClickListener(new View.OnClickListener()
{
        @Override
        public void onClick(View v)
        {
            mCurrentIndex = (mCurrentIndex + 1) % mSensorBank.length;
```

```
        updateSensor();
    }
});
updateSensor();
}
@Override
public void onSaveInstanceState(Bundle savedInstanceState)
{
    super.onSaveInstanceState(savedInstanceState);
    Log.i(TAG, "onSaveInstanceState");
    savedInstanceState.putInt(KEY_INDEX, mCurrentIndex);
}
```

最后，在 onCreate()方法中查看是否获取了该数值，如确认获取成功，则将它赋值给变量 mCurrentIndex，如代码清单 4-7 所示。

代码清单 4-7 在 onCreate()方法中检查存储的 Bundle 信息（SensorActivity.java）

```
……
        if (savedInstanceState != null)
        {
            mCurrentIndex = savedInstanceState.getInt(KEY_INDEX, 0);
        }
        updateSensor();
    }
```

运行 SensorTest 应用，单击"下一步"按钮，现在无论设备自动或手动旋转多少次，新创建的 SensorActivity 都将会记住当前正在回答的题目。

注意，我们在 Bundle 中存储和恢复的数据类型只能是基本数据类型（Primitive Type），以及可以实现 Serializable 接口的对象。创建自己的定制类时，如需在 onSaveInstanceState()方法中保存类对象，记得实现 Serializable 接口。

测试 onSaveInstanceState()的实现是个好习惯，尤其在需要存储和恢复对象时，设备旋转很容易测试，但测试低内存状态就困难多了。本章末尾会深入学习这部分内容，继而学习如何模拟 Android 为回收内存而销毁 Activity 的场景。

4.4 再探 Activity 生命周期

覆盖 onSaveInstanceState()方法并不仅仅用于处理设备旋转相关的问题，当用户离开当前 Activity 管理的用户界面，或 Android 需要回收内存时，Activity 也会被销毁。

不过 Android 从不会为了回收内存，而去销毁正在运行的 Activity。Activity 只有在暂停或停止状态下才可能会被销毁。此时，会调用 onSaveInstanceState()方法。

调用 onSaveInstanceState()方法时，用户数据随即被保存在 Bundle 对象中，然后操作系统将 Bundle 对象放入 Activity 记录中。

为便于理解 Activity 记录，我们增加一个暂存状态（Stashed State）到 Activity 生命周期，如图 4-16 所示。

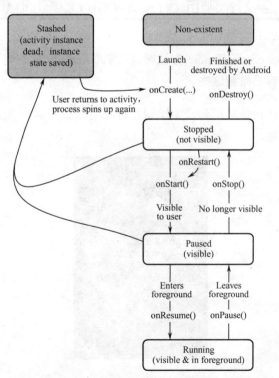

图 4-16　完整的 Activity 生命周期

Activity 暂存后，Activity 对象不再存在，但操作系统会将 Activity 记录对象保存起来。这样，在需要恢复 Activity 时，操作系统可以使用暂存的 Activity 记录重新激活 Activity。

注意，Activity 进入暂存状态并不一定需要调用 onDestroy()方法。不过，onPause()和 onSaveInstanceState()通常是我们需要调用的两个方法。常见的做法是，覆盖 onSaveInstanceState()方法，将数据暂存到 Bundle 对象中，覆盖 onPause()方法处理其他需要处理的事情。

有时，Android 不仅会销毁 Activity，还会彻底停止当前应用的进程。不过，只有在用户离开当前应用时才会发生这种情况。即使这种情况真的发生了，暂存的 Activity 记录依然被系统保留着，以便用户返回应用时快速恢复 Activity。

那么暂存的 Activity 记录到底可以保留多久呢？前面说过，用户按了后退键后，系统会彻底销毁当前的 Activity，此时，暂存的 Activity 记录同时被清除。此外，系统重启或长时间不使用 Activity 时，暂存的 Activity 记录通常也会被清除。

4.5 深入学习：测试 onSaveInstanceState(Bundle)方法

覆盖 onSaveInstanceState(Bundle)方法时，应测试 Activity 状态是否如预期正确保存和恢复，使用模拟器很容易做到这些。

启动虚拟设备，在设备应用列表中找到设置应用，如图 4-17 所示，大部分模拟器的系统镜像都包含该应用。

图 4-17　找到设置应用

启动设置应用，单击"开发者选项"，找到并启用"不保留活动"选项，如图 4-18 所示。

图 4-18　启用"不保留活动"选项

现在运行应用，单击主屏幕键。如前所述，单击主屏幕键会暂停并停止当前 Activity，随后就像 Android 操作系统回收内存一样，停止的 Activity 被系统销毁了。可通过重新运行应用，验证 Activity 状态是否如期那样得到保存。

和单击主屏幕键不一样的是，单击后退键后，无论是否启用"不保留活动"选项，系统总是会销毁当前 Activity。单击后退键相当于通知系统"用户不再需要使用当前的 Activity 了"。

如需在硬件设备上进行同样的测试，必须安装额外的开发工具。请访问 http://developer.android.com/tools/debugging/debugging-devtools.html 了解详情。

4.6　深入学习：日志记录的级别与方法

使用 android.util.Log 类记录日志信息，不仅可以控制日志信息的内容，还可以控制用来划分信息重要程度的日志级别。Android 支持如图 4-19 所示的五种日志级别，每个级别都对应着一个 Log 类方法。调用对应的 Log 类方法与日志的输出和记录一样容易，如图 4-19 所示。

Log Level	Method	Notes
ERROR	Log.e(...)	Errors
WARNING	Log.w(...)	Warnings
INFO	Log.i(...)	Informational messages.
DEBUG	Log.d(...)	Debug output；may be filtered out.
VERBOSE	Log.v(...)	For development only!

图 4-19　日志级别与方法

需要说明的是，所有的日志记录方法都有两种参数签名：string 类型的 tag 参数和 msg 参数。除 tag 和 msg 参数外再加上 Throwable 实例参数，附加的 Throwable 实例参数为应用抛出异常时记录异常信息提供了方便。代码清单 4-8 展示了两种方法不同参数签名的使用实例。对于输出的日志信息，可使用常用的 Java 字符串连接操作拼接出需要的信息，或者使用 String.format 对输出日志信息进行格式化操作，以满足个性化的使用要求。

代码清单 4-8　Android 的各种日志记录方式

```
// Log a message at "debug" log level
Log.d(TAG, "Current Sensor index: " + mCurrentIndex);
TrueFalse Sensor;
try
{
    Sensor = mSensorBank[mCurrentIndex];
}
catch (ArrayIndexOutOfBoundsException ex)
{
    // Log a message at "error" log level, along with an exception stack trace
    Log.e(TAG, "Index was out of bounds", ex);
}
```

4.7 挑战

实现当 Sensor Test 运行时弹出一个窗体仅部分覆盖了 Activity。当这种情况出现时，Activity 会处于 Paused 状态而且用户不能和其产生交互，直到弹出的窗口消失，Activity 才会重新变为 Resumed 状态，Activity 在正常运行中。

提示：不能从 Activity 本身弹出一个窗体，因为对话框是 Activity 的一部分，弹出对话框不会调用 Activity 生命周期中的任何方法。

第 5 章
传感器 API 概述

在第 4 章中，我们从数组中静态地读取传感器信息到界面上显示，本章我们学习 Android 传感器 API，从而动态地读取设备中的各种传感器数据，让应用能够显示手机设备真实传感器的读数信息，如图 5-1 所示。

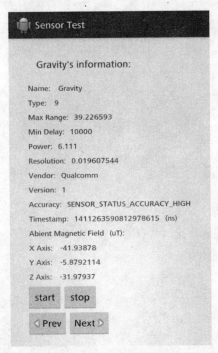

图 5-1 显示真实传感器信息

5.1 传感器概述

5.1.1 传感器是什么

传感器是一种特殊的外设，能够感受外界参数的变化，并将这些参数反应到手机上。这些参数可能包括磁场、温度、压力、重力加速度、声音等。

5.1.2 传感器的分类

传感器可按其测量的物理量不同一般有以下几种。

- 加速度传感器（Accelerometer）；
- 陀螺仪传感器（Gyroscope）；
- 环境光照传感器（Light）；
- 磁力传感器（Magnetic Field）；
- 方向传感器（Orientation）；
- 压力传感器（Pressure）；
- 距离传感器（Proximity）；
- 温度传感器（Temperature）。

根据是不是直接输出原始的传感器数据，这些传感器可分为原始传感器和合成传感器两类。

原始传感器与传感器硬件一一对应，直接输出未加工的原始传感器数据，在 Android 系统中有以下几种。

- Sensor.TYPE_LIGHT；
- Sensor.TYPE_PROXIMITY；
- Sensor.TYPE_PRESSURE；
- Sensor.TYPE_TEMPERATURE(deprecated)；
- Sensor.TYPE_ACCELEROMETER；
- Sensor.TYPE_GYROSCOPE_UNCALIBRATED；
- Sensor.TYPE_MAGNETIC_FIELD_UNCALIBRATED；

- Sensor.TYPE_RELATIVE_HUMIDITY；
- Sensor.TYPE_AMBIENT_TEMPERATURE。

合成传感器用来合成多个传感器原始数据或加工传感器原始数据，例如：

- Sensor.TYPE_ROTATION_VECTOR；
- Sensor.TYPE_GAME_ROTATION_VECTOR；
- Sensor.TYPE_LINEAR_ACCELERATION；
- Sensor.TYPE_GRAVITY；
- Sensor.TYPE_ORIENTATION(deprecated)；
- Sensor.TYPE_GYROSCOPE；
- Sensor.TYPE_MAGNETIC_FIELD。

需要注意的是，合成传感器在不同的平台下其实现方式可能有所不同。例如，旋转矢量（Rotation Vector）在有的平台下使用陀螺仪实现，而有的平台选择使用加速度计实现。

表 5-1 是 Android 平台下传感器类型列表。

表 5-1 Android 平台下传感器列表

类型	传感器名称常量	描述
int	TYPE_ACCELEROMETER	标记传感器类型为加速计的常量
int	TYPE_ALL	标记传感器类型为所有传感器的常量
int	TYPE_AMBIENT_TEMPERATURE	标记传感器类型为环境温度传感器的常量
int	TYPE_GAME_ROTATION_VECTOR	标记传感器类型为未校准的旋转向量的常量
int	TYPE_GRAVITY	标记传感器类型为重力传感器的常量
int	TYPE_GYROSCOPE	标记传感器类型为陀螺仪的常量
int	TYPE_GYROSCOPE_UNCALIBRATED	标记传感器类型为未校准的陀螺仪的常量
int	TYPE_LIGHT	标记传感器类型为光传感器的常量
int	TYPE_LINEAR_ACCELERATION	标记传感器类型为线性加速计的常量
int	TYPE_MAGNETIC_FIELD	标记传感器类型为磁传感器的常量
int	TYPE_MAGNETIC_FIELD_UNCALIBRATED	标记传感器类型为未校准的磁传感器的常量
int	TYPE_ORIENTATION	该常量从 API 8 起已过时，建议使用 SensorManager.getOrientation()
int	TYPE_PRESSURE	标记传感器类型为压力传感器的常量
Int	TYPE_PROXIMITY	标记传感器类型为近距离传感器的常量

续表

类型	传感器名称常量	描述
int	TYPE_RELATIVE_HUMIDITY	标记传感器类型为湿度传感器的常量
int	TYPE_ROTATION_VECTOR	标记传感器类型为旋转向量的常量
int	TYPE_SIGNIFICANT_MOTION	标记传感器类型为运动触发的常量
int	TYPE_TEMPERATURE	该常量从 API 14 起已过时，建议使用 Sensor.TYPE_AMBIENT_TEMPERATURE

5.2 改进 SensorTest 程序

5.2.1 回顾

在第 3 章中，我们多次调用 Sensors 类的构造方法来生成一个 Sensors 对象数组，而用于显示传感器信息是存放在数组中的一些字符串，如代码清单 5-1 所示。

代码清单 5-1 多种传感器对应的字符串（string.xml）

```
<string name="start_toast">started!</string>
<string name="stop_toast">stop!</string>
<string name="next_Btn">Next</string>
<string name="sensor_accelerometer">accelerometer</string>
<string name="sensor_gyroscope">gyroscope</string>
<string name="sensor_light">light</string>
<string name="sensor_magnetic_field">magnetic field</string>
<string name="sensor_orientation">orientation</string>
<string name="sensor_pressure">pressure</string>
<string name="sensor_proximity">proximity</string>
<string name="sensor_temperature">temperature</string>
```

5.2.2 传感器 API

而从本章起，我们希望来点干货，从实际的传感器来读取数据用于显示。首先我们有必要了解一下实际传感器的 API。

要想使用 Android 系统提供的传感器，必须使用 Android 提供的传感器信息访问系统服务 SensorManager。这个类是传感器访问的入口，它允许开发人员访问设备的感应器。通过传入参数 SENSOR_SERVICE 参数调用 Context.getSystemService 方法可以获得一个 Sensor 的实例。获取 SensorManager 对象的方法为

```
SensorManager sensorManager = (SensorManager) getSystemService
                                                        (SENSOR_SERVICE);
```

永远记得确保当你不需要的时候，特别是 Activity 暂停的时候，要关闭感应器。忽略这一点可能会导致几个小时就耗尽电量。注意，当屏幕关闭时，系统不会自动关闭感应器。

接下来可通过向 SensorManager 的对应方法传入需要的传感器类型来获取具体传感器。例如，通过向 SensorManager.getSensorList()传入 Sensor.TYPE_ALL 参数用来获取设备上可用的所有传感器；通过向 SensorManager.getDefaultSensor()传入 Sensor.TYPE_ACCELEROMETER 参数来获取加速度计实例。这里 Sensor 类用来表示传感器硬件，包含以下传感器信息：Maximum range、Minimum delay、Name、Power、Resolution、Type、Vendor、Version 等。

代码清单 5-2 为通过传入 Sensor.TYPE_ALL 来获取所有类型的可用传感器实例。

代码清单 5-2　获取所有传感器实例

```
……
List<Sensor> allSensors;
SensorManager sensorManager;
……
pubic class SensorActivity extends Activity
{
    super.onCreate(savedInstanceState);
    setContentView(R.layout.activity_sensor);
}
mInfoTextView = (TextView)findViewById(R.id.info_text);
sensorManager = (SensorManager)this.getSystemService(SENSOR_SERVICE);
allSensors = sensorManager.getSensorList(Sensor.TYPE_ALL);
mNextBtn = (Button)findViewById(R.id.next_btn);
……
```

因为 sensorManager.getSensorList() 获得是一个传感器列表，所以用一个列表（allSensors）来存储这些传感器。

现在我们可以使用 Android 系统的 Sensor 类来取代之前我们自己定义的 Sensor 类。修改 "Next" 按钮实现的功能，当单击 "Next" 按钮后使在屏幕上显示对应传感器的名称，如代码清单 5-3 所示。

代码清单 5-3 开关更新传感器信息

```
public class SensorActivity extends Activity
{
    ……
    protected void onCreate(Bundle saveInstanceState)
    {
        ……
        mNextBtn = (Button)findViewById(R.id.next_btn);
        mNextBtn.setOnClickListener(new View.OnClickListener()
        {
            public void onClick(View v)
            {
                mCurrentIndex = (mCurrentIndex+1)%allSensors.size();
                updateSensor();
            }
        });
    }
}
```

这里 updateSensor() 只是简单地获取 allSensors 中当前下标对应传感器名称，并将该名称显示在屏幕上。updateSensor() 方法如代码清单 5-4 所示。

代码清单 5-4 更新传感器信息

```
public class SensorActivity extends Activity
{
    ……
    private void updateSensor()
    {
```

```
    String sensorName = allSensors.get(mCurrentIndex).getName();
    mInfoTextView.setText(sensorName + "'s information:");
    ......
}
```

现在我们已经可以获取传感器类 Sensor，但是如何获取这些传感器对应的真实数据呢？在此之前，我们必须弄清以下几个问题：在获取传感器数据时，是否需要将传感器一直打开？传感器释放出的数据是否需要发送给所有的应用？传感器数据是否一定有必要发送给应用？

手机等设备的资源是十分有限的，而通常传感器的运行需要耗费大量手机设备资源，因此，如果在不需要传感器数据时而让传感器一直运行，显然会浪费手机宝贵的各种资源。同时，所有的应用都可以通过 Android 系统提供的 SensorManager 服务来获取传感器，进而获取传感器数据，但并非所有的应用都会在某段时期用到这些传感器数据。例如，某社交应用就不会对光线传感器的数据感兴趣，如果将光线传感器的数据发送给该社交应用，则不仅会产生无用数据，同时也会消耗额外的设备资源。

综上所述，Android 系统采用来一种监听模式来解决应用获取传感器的数据问题。传感器作为信息的发布方，应用作为信息的接收方。信息接收方必须向发布方注册（订阅）传感器发布的事件（例如，传感器数据的变化、传感器精度的变化），只有当应用注册了对某个传感器事件，才能在该传感器释放数据时获取到数据。

在 Android 系统中，应用通过 SensorManager 确定需要使用的传感器，当传感器监测到数据发生变化时，将传感器数据以 SensorEvent 形式封装，并将传感器事件发送给 SensorEventListener 接口。在 SensorEventListener 接口中提供了一些回调函数，如 onSensorChanged()。当有传感器事件发生时（用 SensorEvent 类表示），Android 系统会调用这些回调函数。这些回调函数由应用来实现，在完成监听事件后，应用使用 SensorEvent 中所包含的数据来进行其他操作，这一过程如图 5-2 表示。

为了获取传感器事件，应用需要注册对某个传感器事件的监听，具体来说，就是需要实现 SensorEventListener 接口。我们继续对 SensorTest 应用进行更新，使其能够监听传感器的变化，以及对传感器数据做出相应的操作。我们让 SensorActivity 实现 SensorEventListener 这个监听接口。

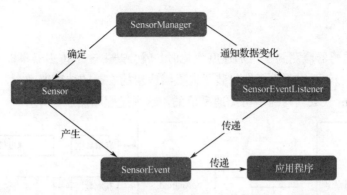

图 5-2　Android 传感器组件

```
public class SensorActivity extends Activity implements SensorEventListener
```

实现 SensorEventListener 接口必须重写它的两个回调方法。

- onSensorChanged();
- onAccuracyChanged()。

当 Sensor 对象实例检测到传感器数据发生变化时，会将变化的数据存入 SensorEvent 这个对象的实例中，SensorManager 通过调用这个两个回调方法进行相应的处理。

5.2.3　SensorEvent

SensorEvent 是存储传感器硬件所传递给应用信息的数据结构，从传感器系统服务通过监听器的回调方法传递给应用的数据成员包括 SensorEvent.accuracy、SensorEvent.sensor、SensorEvent.timestamp、SensorEvent.values，这些数据成员分别代表传感器数据的可靠性、产生事件的具体传感器、传感器事件产生的时间、传感器数据数组。

1. 获取传感器事件及其数据

如果要调用某个传感器，首先必须注册对该传感器的访问。例如，要调用加速度传感器，就需要先向系统注册对加速度传感器的访问。

Android 采用 Sensor 类来抽象各类传感器硬件。传感器的数值是周期性释放的，即每隔固定时间（如毫秒）返回一个数值，因此我们需要一个触发机制，当传感器有数据释放时，可以监听到这些传感器事件。Android 采用 SensorManager 类来管理传感器的相关注册、注销的操作。

当加速度传感器监测到手机加速度变化时，就会产生一个传感器事件（SensorEvent，它也是一个对象）。而传感器事件封装了提供给应用的实际的传感器数据，应用程序就是通过 SensorEvent 获取当前的手机加速度值的，这个过程如图 5-3 所示。

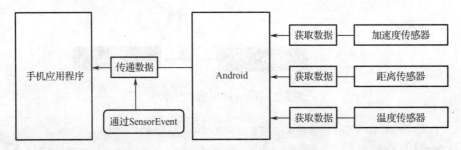

图 5-3　通过 SensorEvent 获取传感器数据

2. 注册/注销传感器

Android 通过 SensorManager 关联 SensorEventListener 接口和 Sensor 对象，这实质上是在 Android 框架内部建立 Sensor 对象实例和实现 SensorEventListener 接口对象实例的映射关系。调用 SensorManager 的如下方法来对传感器进行注册操作。

```
SensorManager.registerListener(SensorActivity.this, allSensors.
        get(mCurrentIndex),SensorManager.SENSOR_DELAY_NORMAL);
```

第一个参数为监听传感器状态变化的 SensorEventListener，第二个参数是对应要监听的传感器（这里我们从传感器列表 allSensors 中获取当前下标所指的传感器），第三个参数是传感器事件传输数据的速率。

通过调用 SensorManager 的如下方法来注销对传感器的操作。

```
SensorManager.unregisterListener(SensorActivity.this);
```

这里只需要传入监听传感器状态变化的 SensorEventListener 即可。

我们知道，要使用传感器，必须首先向 Android 系统进行注册操作，在不使用传感器时向 Android 系统进行注销操作。但应该在什么时候来进行注册和注销操作呢？在 SensorTest 应用中，我们必须在当用户单击"start"或"stop"按钮时来进行对传感器的注册或注销操作。

下面我们添加对 "start" 和 "stop" 按钮的监听事件，如代码清单 5-5 和代码清单 5-6 所示。

代码清单 5-5　添加对 "start" 按钮的监听事件（SensorActivity.java）

```java
……
protected void onCreate(Bundle savedInstanceState)
{
    ……
    mStartBtn.setOnClickListener(new View.OnClickListener()
    {
        @Override
        public void onClick()
        {
            sensorManager.registerListener(SensorActivity.this,
                            allSensors.get(mCurrentIndex),
                            SensorManager.SENSOR_DELAY_NORMAL);
            Toast.makeText(getBaseContext(), "Started!",
                            Toast.LENGTH_SHORT).show();
        }
    });
}
```

代码清单 5-6　添加对 "stop" 按钮的监听事件（SensorActivity.java）

```java
……
protected void onCreate(Bundle savedInstanceState)
{
    ……
    mStopBtn.setOnClickListener(new View.OnClickListener()
    {
        @Override
        public void onClick()
        {
            Toast.makeText(getBaseContext(), "Stopped!",
                            Toast.LENGTH_SHORT).show();
```

```
            sensorManager.unregisterListener(SensorActivity.this);
        }
    });
}
```

5.3 使用传感器数据

接下来我们添加通过传感器读取数据的相关操作,如通过 onSensorChanged 方法来获得传感器数据;通过在布局文件中添加控件并在 Java 代码中连接控件对象,从而显示读取的传感器数据。

因为不同传感器读取数据的不同,我们需要针对不同传感器设置不同的布局。使用传感器数据的方式有很多,目前这里暂且将传过来的传感器读数通过界面上的 TextView 控件显示出来,如图 5-4 所示。

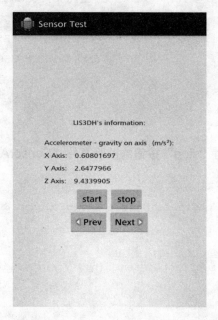

图 5-4 在界面中显示传感器数据

为了达到图 5-4 所示的显示效果,我们需要更新 SensorTest 应用的布局,修改的布局文件结构如图 5-5 所示。

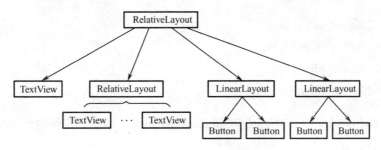

图 5-5　修改布局文件（activity_sensor.xml）

为了达到图 5-4 所示的效果，需要修改 activity_sensor.xml。为了布局美观，在这里我们使用 Android 中的另一个 UI 布局控件——相对布局（RelativeLayout）。

5.3.1　使用相对布局的好处

相对布局是通过对某一个控件（包含父控件）的位置来确定该控件位置的，使用相对布局有以下两个好处。

（1）如果 UI 界面十分复杂，也就是控件很多的时候，使用线性布局就会使线性布局多重嵌套，导致 UI 加载速度变慢、应用程序变卡的现象，而使用相对布局则不会出现此类问题。

（2）如果当布局中某一个控件需要修改时，只需要修改该控件，而不用去修改其他控件的位置，原因是其他控件相对于该控件的位置没有发生变化。

例如，我们可以很容易使用相对布局实现如图 5-6 所示的界面。

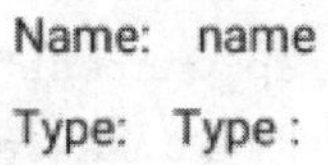

　　　　　　　Name:　name
　　　　　　　Type:　Type：

图 5-6　相对布局应用

相对布局有以下一些常用属性用来设置控件之间的相对位置。

- android:layout_below；
- android:layout_above；
- android:layout_toLeftOf；
- android:layout_toRightOf；

- android:layout_alignLeft;
- android:layout_alignRight;
- android:layout_alignTop;
- android:layout_alignBottom。

例如，"android:layout_toRightOf="@id/xAxisLabel""指明该控件位于 xAxisLabel 控件的右边，属性

```
android:layout_alignTop="@id/xAxisLabel"
android:layout_alignBottom="@id/xAxisLabel"
```

则指定该控件和 xAxisLabel 控件的上下对齐。

对所有要显示的文本都在 activity_sensor.xml 进行相应的定义，如代码清单 5-7 所示。

代码清单 5-7　添加要显示的文本（activity_sensor.xml）

```
......
<TextView android:id="@+id/xAxisLabel"
android:layout_width="wrap_content"
android:layout_height="wrap_content"
android:layout_alignLeft="@+id/dataLabel"
android:layout_blow="@+id/dataLabel"
android:padding="5dp"
android:text="@string/xAxis">
<TextView android:id="@+id/xAxis"
android:layout_width="wrap_content"
android:layout_height="wrap_content"
android:layout_toRightOf="@+id/xAxisLabel"
android:layout_alignTop="@+id/xAxisLabel"
android:layout_alignBottom="@+id/xAxisLabel"
android:padding="5dp">

<TextView android:id="@+id/yAxisLabel"
android:layout_width="wrap_content"
android:layout_height="wrap_content"
android:layout_alignLeft="@+id/xAxisLabel"
```

```xml
    android:layout_blow="@+id/yAxisLabel"
    android:padding="5dp"
    android:text="@string/yAxis">
<TextView android:id="@+id/yAxis"
    android:layout_width="wrap_content"
    android:layout_height="wrap_content"
    android:layout_toRightOf="@+id/yAxisLabel"
    android:layout_alignTop="@+id/yAxisLabel"
    android:layout_alignBottom="@+id/yAxisLabel"
    android:padding="5dp">

<TextView android:id="@+id/zAxisLabel"
    android:layout_width="wrap_content"
    android:layout_height="wrap_content"
    android:layout_alignLeft="@+id/yAxisLabel"
    android:layout_blow="@+id/yAxisLabel"
    android:padding="5dp"
    android:text="@string/zAxis">
<TextView android:id="@+id/zAxis"
    android:layout_width="wrap_content"
    android:layout_height="wrap_content"
    android:layout_toRightOf="@+id/zAxisLabel"
    android:layout_alignTop="@+id/zAxisLabel"
    android:layout_alignBottom="@+id/zAxisLabel"
    android:padding="5dp">
......
```

这里需要注意是，由于我们会在 SensorActivity 中引用这些控件，所以要为每个控件都添加 android:id 属性。

接下来在 SensorActivity 中定义变量来引用在 activity_sensor.xml 中定义的文本控件，并通过资源 ID 获取表示传感器读数的控件对象应用，如代码清单 5-8 所示。

代码清单5-8 定义和使用文本控件（SensorActivity.java）

```java
……
private TextView xAxis;
private TextView xAxisLabel;
private TextView yAxis;
private TextView yAxisLabel;
private TextView zAxis;
private TextView zAxisLabel;

xAxisLabel = (TextView) findViewById (R.id.xAxisLabel);
xAxis = (TextView) findViewById (R.id.xAxis);
yAxisLabel = (TextView) findViewById (R.id.yAxisLabel);
yAxis = (TextView) findViewById (R.id.yAxis);

zAxisLabel = (TextView) findViewById (R.id.zAxisLabel);
zAxis = (TextView) findViewById (R.id.zAxis);
……
```

定义完显示文本后，补充完善各个按钮的单击事件，添加对"start"按钮的监听事件代码，如代码清单5-9所示。

代码清单5-9 完善"start"和"stop"按钮的单击事件（SensorActivity.java）

```java
……
protected void onCreate(Bundle savedInstanceState)
{
    ……
    mStartBtn.setOnClickListener(
    {
        display();
        ……
    });
    mStartBtn.setOnClickListener(
    {
```

```
        ......
        noDisplay();
    });
}
```

代码中 display() 和 noDisplay() 方法用来显示控件在界面中的呈现方式。

（1）display() 方法如代码清单 5-10 所示。

代码清单 5-10 display() 方法（SensorActivity.java）

```
    ......
    public void SensorActivity extends Activity implements SensorEventListener
    {
        ......
        private void display()
        {
            xAxis.setVisibility(View.VISIBLE);
            xAxis.setText("X Axis:");
            yAxis.setVisibility(View.VISIBLE);
            yAxis.setText("Y Axis:");
            zAxis.setVisibility(View.VISIBLE);
            zAxis.setText("Z Axis:");
        }
    }
    ......
```

这里调用控件的 setVisibility() 方法以便使需要用到的 widget 得以显示，调用控件的 setText() 方法设置文本显示信息。

（2）noDisplay() 方法如代码清单 5-11 所示。

代码清单 5-11 noDisplay() 方法（SensorActivity.java）

```
    ......
    public void SensorActivity extends Activity implements
```

```
SensorEventListener
    {
        ……
        private void nodisplay()
        {
            xAxis.setVisibility(View.GONE);
            xAxis.setText(View.GONE);
            yAxis.setVisibility(View.GONE);
            yAxis.setText(View.GONE);
            zAxis.setVisibility(View.GONE);
            zAxis.setText(View.GONE);
        }
    }
    ……
```

这里noDisplay()向setVisibility()中传入View.GONE以便使不需要的文本被隐藏起来。这里所做的就是当单击"stop"、"Next"、"Prev"按钮时，先让上一次的传感器信息隐藏，直到单击"start"按钮才使其重新显示。

完成了"start"、"stop"按钮的单击监听事件后，我们再来实现"Prev"和"Next"按钮的单击监听事件，如代码清单5-12所示。

代码清单5-12　"Next"和"Prev"按钮的单击监听事件（SensorActivity.java）

```
    public class SensorActivity extends Activity implements
SensorEventListener
    {
        ……
        @Override
        protected void onCreate(Bundle savedInstanceState)
        {
            ……
            mNextBtn.setOnClickListener(new View.OnClickListener()
            {
                @Override
                public void onClick(View v)
```

```java
        {
            mCurrentIndex = (mCurrentIndex + 1) % allSensors.size();
            sensorManager.unregisterListener(SensorActivity.this);
            noDisplayText();
            updateSensor();
            resultIntent = null;
        }
    });
    mPrveBtn.setOnClickListener(new View.OnClickListener()
    {
        @Override
        public void onClick(View v)
        {
            mCurrentIndex = (mCurrentIndex + allSensors.size() - 1) %
                                        allSensors.size();
            sensorManager.unregisterListener(SensorActivity.
                                        this);
            noDisplayText();
            updateSensor();
            resultIntent = null;
        }
    });
}
```

对于"Next"按钮，当用户单击该按钮后，首先需要更新数组当前的下标（即下一个需要获取到传感器列表中位置）；然后注销掉对当前传感器的监听（因为获取下一个传感器信息时不再需要当前信息，所以注销对其的监听），调用 noDisplay() 在页面更新对应控件显示；最后，单击按钮从所有传感器的 allSensors 列表中取出下一个传感器。"Prev"按钮和"Next"按钮的逻辑类似。

前面提到要实现对传感器事件的监听必须实现 SensorEventListener 接口，即实现其中的两个方法。

```
public void onSensorChanged(SensorEvent event)
public void onAccuracyChanged(Sensor sensor, int accuracy)
```

在这两个方法中,Android 系统会传入 SensorEvent 或者 Sensor 及 accuracy 信息,接下来就是要对不同传感器传入的 SensorEvent 封装的数据进行操作,即实现这两个方法。

5.3.2 对 SensorEvent 封装的数据进行操作

因为在"start"按钮中注册了对传感器事件的监听,所以当传感器读数有变化时,Android 系统将传感器数据通过 SensorEvent 传递给 onSensorChanaged(),这样我们就可以在 onSensorChanged()中获取到传感器的数据,从而能在界面上显示出动态变化的传感器读数。

实现 onSensorChanged()的代码如代码清单 5-13 所示。

代码清单 5-13　实现 onSensorChanged()方法（SensorActivity.java）

```
……
public class SensorActivity extends Activity implements
                                        SensorEventListener
{
    public void onSensorChanged(SensorEvent event)
    {
        float x = event.values[0];
        float y = event.values[1];
        float z = event.values[2];
        dataLabel.setText("Accelerometer-gravity on axis");
        dataUnits.setText("m/s2");
        xAxisLabel.setVisibility(View.VISIBLE);
        xAxis.setVisibility(String.valueOf(x));
        yAxisLabel.setVisibility(View.VISIBLE);
        yAxis.setVisibility(String.valueOf(y));
        zAxisLabel.setVisibility(View.VISIBLE);
        zAxis.setVisibility(String.valueOf(z));
    }
    public void onAccuracyChanged(Sensor sensor, int accuracy)
```

```
    {
    }
    ......
}
```

其中传入的参数 SensorEvent 封装了从传感器得到的数据,并将这些数据显示在界面上。onAccuracyChanged()方法的作用是,当传感器采集数据的精度(Accuracy)改变时,会回调这个方法。这里我们调用这个方法在界面上显示当前传感器的精度。

5.4 不同传感器信息的显示

至此,我们已经完成了如图 5-4 所示的效果。

但我们知道,并非所有的传感器都会有多个读数值,例如光线传感器、距离传感器,就只会有一个变化的数值,如图 5-7 所示。

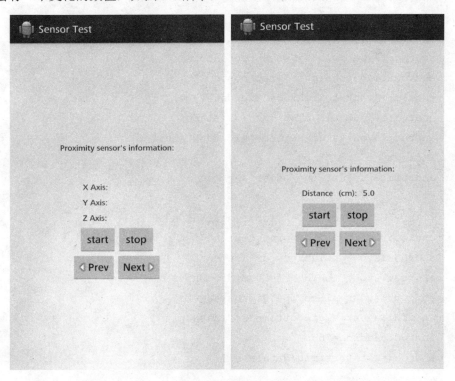

图 5-7 针对不同传感器的信息显示

如果距离传感器或光线传感器仍使用原有的界面布局，而这两种传感器只会有一个变化数值，显示会出现问题，所以必须在程序中对不同类型的传感器做出判断，以确保能够正确地显示所有传感器读数信息。

5.4.1 完善 SensorTest

因为光线传感器只有一个读数，所以我们首先要修改布局文件，为这个数值添加一个显示的文本控件。在 activity_sensor.xm 中添加以下代码，如代码清单 5-14 所示。

代码清单 5-14　更新不同传感器布局文件（activity_sensor.xml）

```
<TextView android:id="@+id/dataLabel"
    andriod:layout_width="wrap_content"
    andriod:layout_height="wrap_content"
    android:padding="5dp"
    andriod:text="@string/dataLabel"/>

<TextView android:id="@+id/dataUnits"
    andriod:layout_width="wrap_content"
    andriod:layout_height="wrap_content"
    andriod:layout_toRightOf="@id/dataLabel"
    andriod:layout_alignTop="@id/dataLabel"
    andriod:layout_alginBottom="@id/dataLabel"
    andriod:padding="5dp"
    andriod:text="@string/units"/>

<TextView android:id="@+id/singleValue"
    andriod:layout_width="wrap_content"
    andriod:layout_height="wrap_content"
    andriod:layout_toRightOf="@id/dataUnits"
    andriod:layout_alignTop="@id/dataUnits"
    andriod:layout_alginBottom="@id/dataUnits"
    andriod:padding="5dp"
    andriod:text="@string/dataLabel"/>
```

这个三个控件分别代表只有单值传感器的读数，dataLabel 表示传感器描述信息的文

本控件，data 表示传感器数值的单位文本控件，singleValue 表示传感器数值的文本控件，在代码中定义引用控件的变量并获取引用。

我们还需要修改 display() 和 noDisplay() 方法以更新界面，如代码清单 5-15 所示。

代码清单 5-15   更新 display()（SensorActivity.java）

```
private void displayText()
{
    int sensorType = allSensors.get(mCurrentIndex).getType();
    if( sensorType == Sensor.TYPE_LIGHT || sensorType ==
                                        Sensor.TYPE_PROXIMITY )
    {
        dataLabel.setVisibility(View.INVISIBLE);
        dataUnits.setVisibility(View.INVISIBLE);
        xAxis.setVisibility(View.INVISIBLE);
        yAxis.setVisibility(View.INVISIBLE);
        zAxis.setVisibility(View.INVISIBLE);
        singleValue.setVisibility(View.VISIBLE);
    }
    else
    {
        dataLabel.setVisibility(View.VISIBLE);
        dataUnits.setVisibility(View.VISIBLE);
        xAxis.setVisibility(xAxis.VISIBLE);
        xAxisLabel.setText("X Axis: ");
        yAxis.setVisibility(yAxis.VISIBLE);
        yAxisLabel.setText("Y Axis: ");
        zAxis.setVisibility(zAxis.VISIBLE);
        zAxisLabel.setText("Z Axis: ");
        singleValue.setVisibility(View.INVISIBLE);
    }
}
```

这里首先定义表示传感器类型的变量，判断传感器类型，例如，光线或距离传感器等单值传感器时就只显示一个数值，只让 singleValue 显示；对于其他多值传感器则显示对应的多值数据。

修改后的 noDisplay()如代码清单 5-16 所示。

代码清单 5-16　更新 noDisplay()（SensorActivity.java）

```java
private void noDisplayText()
{
    dataLabel.setVisibility(View.GONE);
    dataUnits.setVisibility(View.GONE);
    xAxisLabel.setVisibility(View.GONE);
    yAxisLabel.setVisibility(View.GONE);
    zAxisLabel.setVisibility(View.GONE);
    xAxis.setVisibility(View.GONE);
    yAxis.setVisibility(View.GONE);
    zAxis.setVisibility(View.GONE);
    singleValue.setText(null);
    singleValue.setVisibility(View.GONE);
}
```

5.4.2　修改 onSensorChanged()

因为不同的传感器对应不同读数值，所以当传感器数据变化时 onSensorChanged()方法也必须做出相应的变化。更新后的 onSensorChanged()方法如代码清单 5-17 所示。

代码清单 5-17　更新 onSensorChanged()（SensorActivity.java）

```java
public void onSensorChanged(SensorEvent event)
{
    switch (event.sensor.getType())
    {
        case Sensor.TYPE_ACCELEROMETER:
            showEventData("Accelerometer - gravity on axis",
            ACCELERATION_UNITS,
            event.values[0],
            event.values[1],
            event.values[2]);
```

```
        break;
    ......
    }
}
```

更新后的 onSensorChanged()方法根据 event 中对应传感器的类型，使用 switch 语句来判断不同类型的传感器，对应不同的传感器调用不同方法来显示其数据。showEventData()方法用来显示传感器变化的数据部分文本，传入 event 数组中的三个值，如代码清单 5-18 所示。

代码清单 5-18　showEventData()（SensorActivity.java）

```
......
    private void showEventData(String label, String units,
                                float x, float y, float z)
    {
        dataLabel.setVisibility(View.VISIBLE);
        dataLabel.setText(label);
        if(units == null)
            dataUnits.setVisibility(View.GONE);
        else
        {
            dataUnits.setVisibility(View.VISIBLE);
            dataUnits.setText("(" + units +"):");
        }
        singleValue.setVisibility(View.GONE);
        xAxisLabel.setVisibility(View.VISIBLE);
        xAxis.setText(String.valueOf(x));
        yAxisLabel.setVisibility(View.VISIBLE);
        yAxis.setText(String.valueOf(y));
        zAxisLabel.setVisibility(View.VISIBLE);
        zAxis.setText(String.valueOf(z));
    }
......
```

这里参数中的 x、y、z 是 event 数组中的传感器数据，我们在这个方法中只需正确地显示就可以了。

因为有些传感器可能只有一个数据来反映变化，所以我们重写一个 showEventData() 来确保正确显示传感器数据，如代码清单 5-19 所示。

代码清单 5-19　重写 showEventData()（SensorActivity.java）

```
……
    private void showEventData(String label, String units, float value)
    {
        dataLabel.setVisibility(View.VISIBLE);
        dataLabel.setText(label);
        dataUnits.setVisibility(View.VISIBLE);
        dataUnits.setText("(" + units +"):");
        singleValue.setVisibility(View.VISIBLE);
        singleValue.setText(String.valueOf(value));
        xAxisLabel.setVisibility(View.GONE);
        xAxis.setVisibility(View.GONE);
        yAxisLabel.setVisibility(View.GONE);
        yAxis.setVisibility(View.GONE);
        zAxisLabel.setVisibility(View.GONE);
        zAxis.setVisibility(View.GONE);
    }
}
……
```

5.5　传感器类型

传感器根据其测量数据的范围分为 Binary Sensor 和 Continuous Sensor。Binary Sensor 的输出仅有两个值，包括大部分距离传感器和一些光线传感器；Continuous Sensor 的输出可能是从最小到最大值范围内的任何一个值。

5.6 有关 Sensor 的物理概念

Dynamic range：传感器可测量数据的范围，如光照传感器的范围可能为 1～10000 lux。

Saturation：当传感器检测到超出可测量范围最大值时出现饱和，例如，用很亮的卤素灯照射光线传感器，就会让其达到饱和值，即光线传感器可测量最大值。

Resolution：实际物理值之间的最小可检测差异。

Sampling Frequency：采样频率是两次测量时间的倒数，单位为 Hz。

第 6 章
第二个 Activity

本章我们将为 SensorTest 应用增加第二个 Activity。Activity 控制着当前屏幕界面，新增加的 Activity 将增加第二个用户界面，这个 Activity 用来配置 SensorActivity 中的显示信息，如图 6-1 所示。

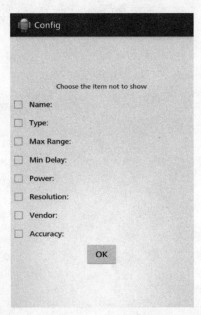

图 6-1 ConfigActivity 提供配置显示的选择

当用户选择了对应条目后，在单击"OK"按钮返回 SensorActivity 界面时会显示用户选中的信息，如图 6-2 所示。

第6章 第二个Activity

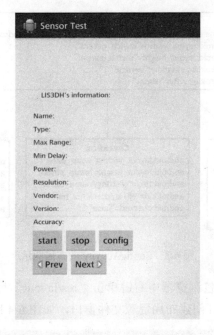

图 6-2　根据选择的配置显示传感器信息

通过本章 SensorTest 应用的升级开发，我们可以从中学到以下知识点。

- 不借助应用向导，创建新的 Activity 及配套布局。
- 从一个 Activity 中启动另一个 Activity，启动 Activity 意味着请求操作系统创建新的 Activity 实例并调用它的 onCreate(Bundle)方法。
- 在父 Activity（启动方）与子 Activity（被启动方）间进行数据传递。

6.1　创建第二个 Activity

要创建新的 Activity，首先要创建 ConfigActivity 所需的布局文件，然后创建 ConfigActivity 类本身。

6.1.1　创建新布局

本章开头的屏幕截图展示了 ConfigActivity 视图的大致样貌，图 6-3 展示了它的组件定义。

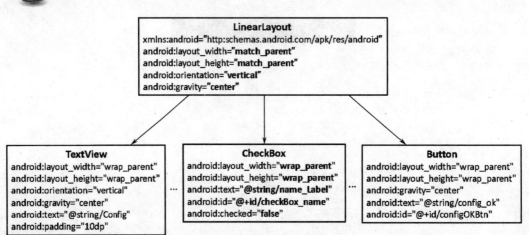

图 6-3 ConfigActivity 的布局图示

为创建布局文件，在包浏览器中右键单击"res/layout"目录，选择"New→Layout resource file"菜单项，打开创建布局资源文件窗口，如图 6-4 所示。

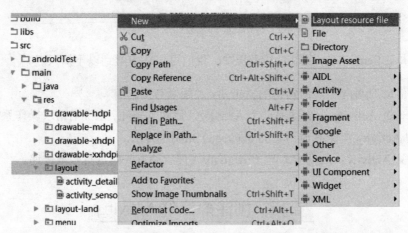

图 6-4 创建新的布局文件

接下来在弹出的对话框中，输入布局文件名"activity_config.xml"并选择"LinerLayout"作为根元素，最后单击"OK"按钮完成，如图 6-5 所示。

观察已打开的 activity_sensor.xml 布局文件，我们发现该 XML 文件头部包含了以下一行代码。

```
<?xml version="1.0" encoding="utf-8"?>
```

第6章 第二个Activity

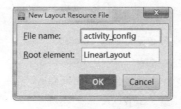

图 6-5 命名并配置新布局文件

XML 布局文件不再需要该行代码。不过，通过布局向导等方式创建布局文件，这一行代码还是会被默认添加的。

如不习惯 GUI 的开发方式，可不使用布局向导。例如，要创建新布局文件，可直接在 "res/layout" 目录新建 activity_sensor.xml 文件，然后刷新 "res/layout" 目录，让 Android Studio 识别它。该做法适用于大多数 Android Studio 开发向导，我们可按照自己的方式创建 XML 文件及 Java 类文件。记住，唯一必须使用的开发向导是新建 Android 应用向导。

布局向导已经添加了 LinerLayout 根元素，接下来只需要添加一个 android:gravity 属性和其他三个子元素即可。

在后面的章节，我们将不再列示大段的 XML 代码，而仅以图 6-3 的方式给出布局组件，最好现在就开始习惯参照图 6-3 创建布局 XML 文件。结合图 6-1 中的界面完成创建 activity_sensor.xml 布局文件后，记得对照代码清单 6-1 进行检查核对。

代码清单 6-1　第二个 Activity 的布局组件定义（activity_sensor.xml）

```xml
<?xml version="1.0" encoding="utf-8"?>
<LinearLayout xmlns:android="http://schemas.android.com/apk/res/
                                                            android"
  android:layout_width="match_parent"
  android:layout_height="match_parent"
  android:orientation="vertical"
  android:gravity="center_vertical">
  <TextView
    android:layout_width="wrap_content"
    android:layout_height="wrap_content"
    android:padding="10dp"
    android:text="@string/config_info_text" />
```

```xml
<CheckBox
    android:id="@+id/checkBox_name"
    android:layout_width="wrap_content"
    android:layout_height="wrap_content"
    android:text="@string/checkBoxName_text"
    android:checked="false" />
<CheckBox
    android:id="@+id/checkBox_type"
    android:layout_width="wrap_content"
    android:layout_height="wrap_content"
    android:text="@string/checkBoxType_text"
    android:checked="false" />
……
<Button
    android:id="@+id/OKBtn"
    android:layout_width="wrap_content"
    android:layout_height="wrap_content"
    android:text="@string/configOKBtn" />
</LinearLayout>
```

保存布局文件，切换到图形工具模式预览新建布局。

虽然还没有创建供设备横屏使用的布局文件，不过，借助开发工具，我们可以预览默认布局横屏时的显示效果。

在 Design 或 Preview 视图下找到预览界面上方工具栏里的一个设备（带蓝色箭头）模样的按钮，单击该按钮切换布局预览方位，如图 6-6 所示。

图 6-6　水平方位预览布局（activity_sensor.xml）

可以看到,默认布局在竖直与水平方位下效果都不错。布局搞定了,接下来我们创建新的 Activity 子类。

6.1.2 创建新的 Activity 子类

在包浏览器中,右键单击 com.example.ming.SensorTest 包,选择"New→Java Class"菜单项,在随后弹出的对话框中,将类命名为 ConfigActivity,如图 6-7 所示。

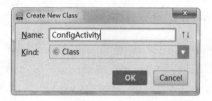

图 6-7 创建 ConfigActivity 类

单击"OK"按钮,Android Studio 随即在代码编辑区打开 ConfigActivity.java 文件。

覆盖 onCreate()方法,将定义在 activity_sensor.xml 文件中的布局资源 ID 传入 setContentView()方法,如代码清单 6-2 所示。

代码清单 6-2 覆盖 onCreate()方法(ConfigActivity.java)

```
public class ConfigActivity extends Activity {
    @Override
    protected void onCreate(Bundle savedInstanceState) {
        super.onCreate(savedInstanceState);
        setContentView(R.layout.activity_sensor);
    }
}
```

ConfigActivity 还有更多任务需要在 onCreate()方法中完成,不过现在我们先进入下一环节,即在应用的 manifest 配置文件中声明 ConfigActivity。

6.1.3 在 manifest 配置文件中声明 ConfigActivity

manifest 配置文件是一个包含元数据的 XML 文件,用来向 Android 操作系统描述应用。

该文件总是以 AndroidManifest.xml 命名的，通过包浏览器可在项目的根目录中找到并打开它，忽略 GUI 编辑器，选择编辑区底部的 AndroidManifest.xml 标签切换到代码展示界面。

应用的所有 Activity 都必须在 manifest 配置文件中声明，这样操作系统才能够使用它们。在创建 SensorActivity 时，因使用了新建应用向导，向导已经自动完成了声明工作。而 ConfigActivity 则需要手工完成声明工作。在 AndroidManifest.xml 配置文件中，完成 ConfigActivity 的声明，如代码清单 6-3 所示。

代码清单 6-3　在 manifest 配置文件中声明 ConfigActivity（AndroidManifest.xml）

```xml
<?xml version="1.0" encoding="utf-8"?>
<manifest xmlns:android="http://schemas.android.com/apk/res/android"
  package="com.example.ming.SensorTest"
  android:versionCode="1"
  android:versionName="1.0" >
  <application
    android:allowBackup="true"
    android:icon="@drawable/ic_launcher"
    android:label="@string/app_name"
    android:theme="@style/AppTheme" >
    <activity
      android:name="com.example.ming.SensorTest.SensorActivity"
      android:label="@string/app_name" >
      <intent-filter>
        <action android:name="android.intent.action.MAIN" />
        <category android:name="android.intent.category.LAUNCHER" />
      </intent-filter>
    </activity>
    <activity
      android:name=".ConfigActivity"
      android:label="@string/app_name" />
  </application>
</manifest>
```

这里的 android:name 属性是必需的，属性值前面的"."告诉 OS：在 manifest 配置文件头部包属性值指定的包路径下可以找到 Activity 的类文件。

manifest 配置文件里还有很多有趣的东西。不过，我们现在还是先集中精力配置好 ConfigActivity 并使其运行起来。

6.1.4 为 SensorActivity 添加 Config 按钮

按照开发设想，用户在 SensorActivity 用户界面上单击某个按钮，应用可立即产生 ConfigActivity 实例，并显示其用户界面。因此，我们需要在 layout/activity_sensor.xml，以及 layout-land/activity_sensor.xml 布局文件中定义需要的按钮。在默认的垂直布局中，添加新按钮定义并设置其为根 LinearLayout 的直接子类。新按钮应该定义在"stop"按钮右侧，按钮添加方法如代码清单 6-4 所示。

代码清单 6-4　默认布局中添加 cheat 按钮（layout/activity_sensor.xml）

```
</LinearLayout>
……
  <Button
    android:id="@+id/stopBtn"
    android:layout_width="wrap_content"
    android:layout_height="wrap_content"
    android:text="@string/stop" />
  <Button
    android:id="@+id/configBtn"
    android:layout_width="wrap_content"
    android:layout_height="wrap_content"
    android:text="@string/config" />
</LinearLayout>
```

在水平布局模式中，将新按钮定义在根 RelativeLayout 的底部"stop"按钮左侧的位置，如代码清单 6-5 所示。

代码清单 6-5　水平布局中添加"config"按钮（layout-land/activity_sensor.xml）

```
</LinearLayout>
<Button
android:id="@+id/startBtn"
android:layout_width="wrap_content"
```

```xml
android:layout_height="wrap_content"
android:text="@string/start"
android:layout_alignParentBottom="true"
android:layout_toRightOf="@id/prev_btn" />
<Button
android:id="@+id/configBtn"
android:layout_width="wrap_content"
android:layout_height="wrap_content"
android:layout_alignParentBottom="true"
android:text="@string/config"
android:layout_toLeftOf="@id/stopBtn" />
</RelativeLayout>
```

保存修改后的布局文件,然后重新打开 SensorActivity.java 文件,添加新按钮变量,以及资源引用代码,最后添加 View.onClickListener 监听器代码。启用新按钮的做法如代码清单 6-6 所示。

代码清单 6-6　启用"Cheat"按钮(SensorActivity.java)

```java
……
private Button mNextButton;
private Button mConfigBtn;
@Override
protected void onCreate(Bundle savedInstanceState)
{
    ……
    mConfigBtn= (Button)findViewById(R.id.configBtn);
    mConfigBtn.setOnClickListener(new View.OnClickListener()
    {
        @Override
        public void onClick(View v)
        {
            // Start ConfigActivity
        }
        updateSensor();
    }
```

```
        ......
    }
```

准备工作完成了，下面我们来学习如何启动 ConfigActivity。

6.2 启动 Activity

一个 Activity 启动另一个 Activity 最简单的方式是使用以下 Activity 方法。

```
public void startActivity(Intent intent)
```

读者可能会以为 startActivity()方法是一个类方法，启动 Activity 就是针对 Activity 子类调用该方法。实际并非如此，在 Activity 调用 startActivity()方法时，调用请求实际发给了操作系统。准确地说，该方法调用请求发送给操作系统的 ActivityManager。ActivityManager 负责创建 Activity 实例，并调用其 onCreate()方法。Activity 的启动示意图如图 6-8 所示。

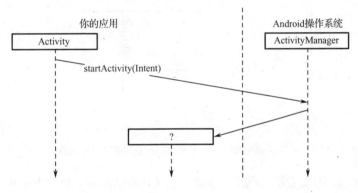

图 6-8　启动一个 Activity

ActivityManager 如何知道该启动哪一个 Activity 呢？答案就在于传入 startActivity()方法的 Intent 参数。

6.2.1 基于 Intent 的通信

Intent 对象是组件用来与操作系统通信的一种媒介工具。到目前为止，我们唯一见过的组件就是 Activity。实际上还有其他一些组件，如 service、broadcast receiver 及 content provider。

Intent 是一种多功能通信工具，Intent 类提供了多个构造方法，以满足不同的使用需求。

在 SensorTest 应用中，我们使用 Intent 告诉 ActivityManager 该启动哪一个 Activity，因此可使用以下的构造方法。

```
public Intent(Context packageContext, Class<?> cls)
```

传入该方法的 Class 对象指定 ActivityManager 应该启动的 Activity，Context 对象告知 ActivityManager 在哪一个包里可以找到 Class 对象，关系如图 6-9 所示。

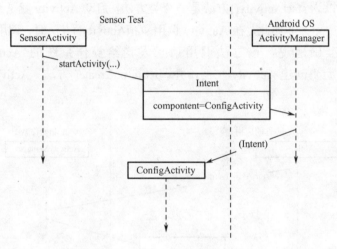

图 6-9   Intent 告诉 ActivityManager 启动哪一个 Activity

在 mConfigBtn 的监听器代码中，创建包含 ConfigActivity 类的 Intent 实例，然后将其传入 startActivity(Intent)方法，如代码清单 6-7 所示。

代码清单 6-7   启动 ConfigActivity 活动（SensorActivity.java）

```
……
mConfigBtn= (Button)findViewById(R.id.configBtn);
mConfigBtn.setOnClickListener(new View.OnClickListener()
{
    @Override
    public void onClick(View v)
```

```
        {
            Intent i = new Intent(SensorActivity.this, ConfigActivity.
                                                                class);
            startActivity(i);
        }
        updateSensor();
    }
```

在启动 Activity 以前，ActivityManager 会检查确认指定的 Class 是否已在配置文件中声明。如已完成声明，则启动 Activity，应用正常运行；否则抛出 ActivityNotFoundException 异常。这就是我们必须在 manifest 配置文件中声明应用全部 Activity 的原因所在。

6.2.2 显式与隐式 Intent

如通过指定 Context 与 Class 对象，然后调用 Intent 的构造方法来创建 Intent，则创建的是显式 Intent。在同一应用中，我们使用显式 Intent 来启动 Activity。

同一应用里的两个 Activity 间，通信却要借助于应用外部的 ActivityManager，这可能看起来有点奇怪。不过，这种模式会使不同应用间的 Activity 交互变得容易很多。

如果一个应用的 Activity 需要启动另一个应用的 Activity，可通过创建隐式 Intent 来处理。隐式 Intent 的使用比显示 Intent 更简单一些，读者可以自行查阅隐式 Intent 的使用方法。

接下来，运行 SensorTest 应用，单击 "config" 按钮，新 Activity 实例的用户界面将显示在屏幕上。单击"Prev"按钮，ConfigActivity 实例会被销毁，继而返回到 SensorActivity 实例的用户界面中。

6.3 Activity 间的数据传递

既然 ConfigActivity 与 SensorActivity 都已经就绪，接下来就可以考虑它们之间的数据传递了，图 6-10 展示了两个 Activity 间传递的数据信息。

ConfigActivity 启动后，用户选择需要显示在界面上的传感器信息。SensorActivity 将能接收到哪些信息需要显示，哪些不需要显示。

图 6-10　在 SensorActivity 和 ConfigActivity 之间传递数据

用户选择需显示的选项后，单击"Prev"键回到 SensorActivity，ConfigActivity 随即被销毁。在被销毁前的瞬间，它会将用户选择的数据传递给 SensorActivity。

接下来，我们首先要学习的是如何将数据从 SensorActivity 传递到 ConfigActivity。

6.3.1　使用 Intentextra

为了将当前用户选择的传感器类型传递给 ConfigActivity，需要将 Sensor.TYPE（传感器类型）信息传递给它。该值将作为 extra 信息，附加在传入 startActivity(Intent)方法的 Intent 上发送出去。extra 是调用者 Activity(SensorActivity)通过 Intent 传递的任意数据，它包含在 Intent 中，由启动方 Activity 发送出去。接收方 Activity 接收到操作系统转发的 Intent 后，访问并获取包含在其中的 extra 数据信息。关系如图 6-11 所示。

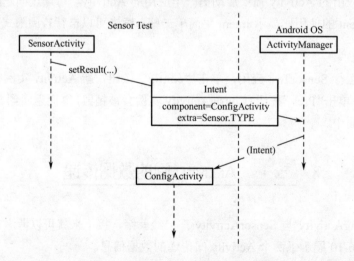

图 6-11　Intent extra 和其他 Activity 通信

第6章 第二个Activity

如同 SensorActivity.onSaveInstanceState(Bundle)方法中用来保存 mCurrentIndex 值的 key-value 结构，extra 同样也是一种 key-value 结构。将 extra 数据信息添加给 Intent，我们需要调用 Intent.putExtra()方法。确切地说，是调用如下方法。

```
public Intent putExtra(String name, boolean value)
```

Intent.putExtra()方法有多种形式。不变的是，它总是有两个参数：一个参数是固定为 String 类型的 key，另一个参数值可以是多种数据类型。在 ConfigActivity.java 中，为 extra 数据信息新增 key-value 对中的 key，如代码清单 6-8 所示。

代码清单 6-8　添加 extra 常量（ConfigActivity.java）

```
public class ConfigActivity extends Activity {
    public static final String EXTRA_SENSOR_TYPE =
                        "com.example.ming.SensorTest.sensortype";
    ......
```

Activity 可能启动自不同的应用，我们应该为 Activity 获取和使用的 extra 定义 key。如代码清单 6-9 所示，使用包名来修饰 extra 数据信息，这样可以避免来自不同应用的 extra 间发生命名冲突。接下来，再回到 SensorActivity，将 extra 附加到 Intent 上，如代码清单 6-9 所示。

代码清单 6-9　将 extra 附加到 intent 上（SensorActivity.java）

```
......
mConfigBtn.setOnClickListener(new View.OnClickListener() {
    @Override
    public void onClick(View v) {
        Intent i = new Intent(SensorActivity.this, ConfigActivity.
                                                        class);
        int sensorType = allSensor.get(mCurrentIndex).getType();
        i.putExtra(ConfigActivity.EXTRA_SENSOR_TYPE, sensorType );
        startActivity(i);
    }
});
updateSensor();
}
```

这里只需要一个 extra，但如有需要，也可以附加多个 extra 到同一个 Intent 上。

要从 extra 获取数据，会用到如下方法。

```
public boolean getIntExtra (String name, int defaultValue)
```

第一个参数是 extra 的名字。getIntExtra()方法的第二个参数是指定默认值，它在无法获得有效 key 值时使用。在 ConfigActivity 代码中，编写代码实现从 extra 中获取信息，然后将信息存入成员变量中，如代码清单 6-10 所示。

代码清单 6-10　获取 extra 信息（ConfigActivity.java）

```java
public class ConfigActivity extends Activity {
    ……
    private int mSensorType;
    @Override
    protected void onCreate (Bundle savedInstanceState) {
        super.onCreate (savedInstanceState);
        setContentView (R.layout.activity_sensor);
        mSensorType=getIntent().getIntExtra (EXTRA_SENSOR_TYPE, -1);
    }
}
```

请注意，Activity.getIntent()方法返回了由 startActivity Intent 方法转发的 Intent 对象。由于每个传感器所能呈现的数据不同，因此每个传感器对应的界面显示可能就会不同，在 ConfigActivity 中我们需要为不同传感器设置不同的显示界面。而 ConfigActivity 需要知道在 SensorActivity 中是哪个传感器需要配置，因为我们已经通过 Intent extra 传过来了传感器的类型，因此可以通过该类型来决定要显示不同传感器配置界面，如代码清单 6-11 所示。

代码清单 6-11　按照传感器类型来显示布局文件（ConfigActivity.java）

```java
public class ConfigActivity extends Activity {
    ……
    switch (mSensorType) {
        case Sensor.TYPE_ROTATION_VECTOR:
            mCheckBox_xAxis.setVisibility (View.VISIBLE);
```

```
mCheckBox_yAxis.setVisibility(View.VISIBLE);
mCheckBox_zAxis.setVisibility(View.VISIBLE);
mCheckBox_xAxis.setText("x*sin("+THETA+"/2:");
mCheckBox_yAxis.setText("y*sin("+THETA+"/2:");
mCheckBox_zAxis.setText("z*sin("+THETA+"/2:");
break;

case Sensor.TYPE_ORIENTATION:
mCheckBox_xAxis.setVisibility(View.VISIBLE);
mCheckBox_yAxis.setVisibility(View.VISIBLE);
mCheckBox_zAxis.setVisibility(View.VISIBLE);
mCheckBox_xAxis.setText("x*sin("+THETA+"/2:");
mCheckBox_yAxis.setText("y*sin("+THETA+"/2:");
mCheckBox_zAxis.setText("z*sin("+THETA+"/2:");
break;

case Sensor.TYPE_ACCELEROMETER:
case Sensor.TYPE_LINEAR_ACCELEROMETER:
case Sensor.TYPE_MAGNETIC_FIELD:
case Sensor.TYPE_GYROSCOPE:
case Sensor.TYPE_GRAVITY:
mCheckBox_xAxis.setVisibility(View.VISIBLE);
mCheckBox_yAxis.setVisibility(View.VISIBLE);
mCheckBox_zAxis.setVisibility(View.VISIBLE);
break;

case Sensor.TYPE_AMBIENT_TEMPERATURE:
mCheckBox_SinfleVale.setVisibility(View.VISIBLE);
mCheckBox_SinfleVale.setText("Ambient temperature:");
break;

case Sensor.TYPE_LIGHT:
mCheckBox_SinfleVale.setVisibility(View.VISIBLE);
mCheckBox_SinfleVale.setText("Ambient light:");
break;
```

```
        case Sensor.TYPE_PRESSURE:
        mCheckBox_SinfleVale.setVisibility(View.VISIBLE);
        mCheckBox_SinfleVale.setText("Atmospheric pressure:");
        break;

        case Sensor.TYPE_PROXIMITY:
        mCheckBox_SinfleVale.setVisibility(View.VISIBLE);
        mCheckBox_SinfleVale.setText("Distance:");
        break;

        case Sensor.TYPE_RELATIVE_HUMIDITY:
        mCheckBox_SinfleVale.setVisibility(View.VISIBLE);
        mCheckBox_SinfleVale.setText("Relative humidity:");
        break;

        defual;
    }
    ……
}
```

6.3.2 从子 Activity 获取返回结果

现在用户可在 ConfigActivity 配置需要显示的每个传感器的信息，然而还需要将用户所选择的配置信息告诉 SensorActivity。若需要从子 Activity 获取返回信息时，可调用以下 Activity 方法。

```
public void startActivityForResult(Intent intent, int requestCode)
```

该方法的第一个参数同前述的 intent，第二个参数是请求代码。请求代码先发送给子 Activity，然后返回给父 Activity 的用户定义整数值。当一个 Activity 启动多个不同类型的子 Activity，且需要判断区分消息回馈方时，通常会用到该请求代码。在 SensorActivity 中，修改 mConfigBtn 的监听器，调用 startActivityForResult (Intent,int)方法，如代码清单 6-12 所示。

第6章 第二个Activity

代码清单 6-12 调用 startActivityForResult()方法（SensorActivity.java）

```
……
mConfigBtn.setOnClickListener(new View.OnClickListener() {
    @Override
    public void onClick(View v) {
        Intent i = new Intent(SensorActivity.this, ConfigActivity.
                                                            class);
        Int sensorType = allSensors.get(mCurrentIndex).getType();
        i.putExtra(ConfigActivity.EXTRA_SENSOR_TYPE, sensorType);
        startActivity(i);
        startActivityForResult(i, 0);
    }
    updateSensor();
}
```

SensorActivity 只会启动一个类型的子 Activity，具体发送的信息是什么都无所谓，因此对于需要的请求代码参数，传入 0 即可。

1．设置返回结果

实现子 Activity 发送返回信息给父 Activity，有以下两种方法可供调用。

```
public final void setResult (int resultCode)
public final void setResult (int resultCode, Intent data)
```

通常来说，参数 result code 可以是以下两个预定义常量中的任何一个。

- Activity.RESULT_OK；
- Activity.RESULT_CANCELED。

如果需要自己定义结果代码，还可使用另一个常量：RESULT_FIRST_USER。

在父 Activity 需要依据子 Activity 的完成结果采取不同操作时，设置结果代码很有帮助。

例如，假设子 Activity 有一个"OK"按钮和一个"Cancel"按钮，并且为每个按钮的单击动作分别设置了不同的结果代码，根据不同的结果代码，父 Activity 会采取不同的操作。

子 Activity 可以不调用 setResult() 方法。如不需要区分附加在 Intent 上的结果或其他信息，可让操作系统发送默认的结果代码。如果子 Activity 是以调用 startActivityForResult() 方法启动的，结果代码则总是会返回给父 Activity 的。在没有调用 setResult() 方法的情况下，如果用户单击了"Prev"按钮，父 Activity 则会收到 Activity.RESULT_CANCELED 的结果代码。

2. 返还 intent

SensorTest 应用中，数据信息需要回传给 SensorActivity，因此我们需要创建一个 Intent，附加上 extra 信息后，调用 Activity.setResult(int, Intent) 方法将信息回传给 SensorActivity。前面，我们已经为 ConfigActivity 接收的 extra 定义了常量，ConfigActivity 要回传信息给 SensorActivity，我们同样需要为回传的 extra 做类似的定义。为什么不在接收信息的父 Activity 中定义 extra 常量呢？这是因为，针对 ConfigActivity 传入及传出 extra 定义了统一的接口，这样，如果在应用的其他地方使用 ConfigActivity，我们只需要关注使用定义在 ConfigActivity 中的那些常量。

在 ConfigActivity 代码中，为所有需要传递的 extra 增加对应常量 key，如代码清单 6-13 所示。

代码清单 6-13　为所有需要传递的额外信息定义常量（ConfigActivity.java）

```
public static final String EXTRA_SENSOR_TYPE=
                     "com.example.ming.SensorTest.sensortype"
public static final String EXTRA_NAME="com.example.ming.SensorTest.
                                                              name"
public static final String EXTRA_TYPE="com.example.ming.SensorTest.
                                                              type"
public static final String EXTRA_MAXRANGE=
                     "com.example.ming.SensorTest.maxrange"
public static final String EXTRA_MINDELAY=
                     "com.example.ming.SensorTest.mindelay"
public static final String EXTRA_POWER="com.example.ming.SensorTest.
                                                             power"
public static final String EXTRA_RESOLUTION=
```

```
                              "com.example.ming.SensorTest.resolution"
    public static final String EXTRA_VENDOR=
                              "com.example.ming.SensorTest.vendor"
    public static final String EXTRA_VERSION=
                              "com.example.ming.SensorTest.version"
    public static final String EXTRA_ACCURACY=
                              "com.example.ming.SensorTest.accuracy"
    public static final String EXTRA_TIMESTAMP=
                              "com.example.ming.SensorTest.timestamp"
    public static final String EXTRA_SINGLEVALUE=
                              "com.example.ming.SensorTest.singlevalue"
    public static final String EXTRA_XAXIS="com.example.ming.SensorTest.
                              xaxis"
    public static final String EXTRA_YAXIS="com.example.ming.SensorTest.
                              yaxis"
    public static final String EXTRA_ZAXIS="com.example.ming.SensorTest.
                              zaxis"
```

需要从 ConfigActivity 传给 SensorActivity 的额外信息是根据用户选择不同 checkbox 得来的，因此在通过 setResult()将带有额外数据的 Intent 返回给 SensorActivity 时，需要知道用户选择了哪些信息。需要放入 Intent 中的额外信息是根据用户选择不同 checkbox 得来的，那如何获知用户单击选择了哪一个 checkbox 呢？为了获取用户单击了哪一个 checkbox 的信息，需要为每一个 checkbox 设置选择改变监听事件。在 ConfigActivity 中实例化一个 checkbox 选择改变监听器对象，并为所有的 checkbox 设置监听事件，如代码清单 6-14 所示。

代码清单 6-14　为 checkbox 设置监听事件（ConfigActivity.java）

```
public class ConfigActivity extends Activity {
……
    CheckboxCheckedListener cbcListener = new
                              CheckboxCheckedListener();
    mCheckBox_Name.setOnCheckedChangeListener(cbcListener);
    mCheckBox_Type.setOnCheckedChangeListener(cbcListener);
    mCheckBox_MaxRange.setOnCheckedChangeListener(cbcListener);
```

```
mCheckBox_MinDelay.setOnCheckedChangeListener(cbcListener);
mCheckBox_Power.setOnCheckedChangeListener(cbcListener);
mCheckBox_Resolution.setOnCheckedChangeListener(cbcListener);
mCheckBox_Vendor.setOnCheckedChangeListener(cbcListener);
mCheckBox_Version.setOnCheckedChangeListener(cbcListener);
mCheckBox_Accuracy.setOnCheckedChangeListener(cbcListener);
mCheckBox_Timestamp.setOnCheckedChangeListener(cbcListener);
mCheckBox_SingleValue.setOnCheckedChangeListener(cbcListener);
mCheckBox_xAxis.setOnCheckedChangeListener(cbcListener);
mCheckBox_yAxis.setOnCheckedChangeListener(cbcListener);
mCheckBox_zAxis.setOnCheckedChangeListener(cbcListener);
……
```

每个 checkbox 的 setOnCheckedChangeListener()中传入的是一个实现了 CompoundButton.OnCheckedChangeListener 接口的类，实现这个接口必须实现其 OnCheckedChange 方法。在这个方法中根据用户选择不同的 checkbox 将对应值放入 intent 中，这样在返回 SensorActivity 时就能从这个 intent 中获取到用户选择的数据，如代码清单 6-15 所示。

代码清单 6-15 将额外信息加入 intent（ConfigActivity.java）

```
……
class CheckboxCheckedListener implements CompoundButton.
                                        OnCheckedChangeListener{
    @Override
    public void onCheckedChanged(CompoudButton buttonView,
                                              boolean isChecked)
    {
        int checkedId = buttonView.getId();
        if(isChecked){
            switch(checkedId){
                case R.id.checkBox_name:
                    data.putExtra(EXTRA_NAME, "NAME");
                    break;
                case R.id.checkBox_type:
                    data.putExtra(EXTRA_TYPE, "type");
                    break;
```

```
case R.id.checkBox_maxRange:
    data.putExtra(EXTRA_MAXRANGE, "maxrange");
    break;
case R.id.checkBox_minDelay:
    data.putExtra(EXTRA_MINDELAY, "mindelay");
    break;
case R.id.checkBox_power:
    data.putExtra(EXTRA_POWER, "power");
    break;
case R.id.checkBox_resolution:
    data.putExtra(EXTRA_RESOLUTION, "resolution");
    break;
case R.id.checkBox_vendor:
    data.putExtra(EXTRA_VENDOR, "vendor");
    break;
case R.id.checkBox_version:
    data.putExtra(EXTRA_VERSION, "version");
    break;
case R.id.checkBox_accuracy:
    data.putExtra(EXTRA_ACCURACY, "accuracy");
    break;
case R.id.checkBox_timestamp:
    data.putExtra(EXTRA_TIMESTAMP, "timestamp");
    break;
case R.id.checkBox_singleValue:
    data.putExtra(EXTRA_SINGLEVALUE, "singlevalue");
    break;
case R.id.checkBox_xAxis:
    data.putExtra(EXTRA_XAXIS, "xAxis");
    break;
case R.id.checkBox_yAxis:
    data.putExtra(EXTRA_YAXIS, "yAxis");
    break;
case R.id.checkBox_zAxis:
    data.putExtra(EXTRA_ZAXIS, "zAxis");
```

```
                    break;
            }
        }
    }
    ......
```

接下来，我们为"OK"按钮设置单击监听事件。在 setOnClickListener()中通过调用 setResult()将包含用户选择配置信息的 intent 回传给 SensorActivity，如代码清单 6-16 所示。

代码清单 6-16　调用 setResult 回传额外数据给 SensorActivity（ConfigActivity.java）

```
......
Intent data = new Intent();
......
mOKBtn.setOnClickListener (new View.OnClickListener(){
    @Override
    public void onClick(View v){
        setResult(RESULT_OK, data);
        finish();
    }
})
```

在修改完 ConfigActivity 后，单击"OK"按钮，ConfigActivity 会将 result code 和 intent 传递给 setResult(int, Intent)并返回 SensorActivity。为获取传回的 intent，ActivityManager 会在 SensorActivity 中调用以下方法。

```
        protected void onActivityResult(int requestCode, int resultCode, Intent data)
```

requestCode 是当初由 SensorActivity 传递给 ConfigActivity 的一个整型值，resultCode 和 data 是由 ConfigActivity 中调用 setResult()传过来的值，图 6-12 展示了应用内部的交互时序。

最后覆盖 SensorActivity 的 onActivityResult(int, int, Intent)方法来处理返回结果。

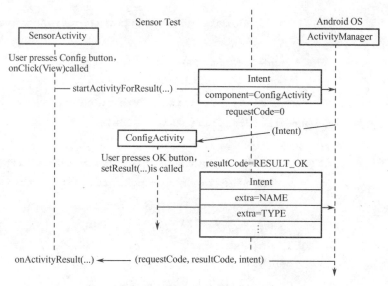

图 6-12 SensorTest 内部时序交互图

3. 处理返回结果

在 SensorActivity.java 中，新增一个成员变量保存 ConfigActivity 回传的值，然后覆盖 onActivityResult()方法获取它。onActivityResult()方法的实现如代码清单 6-17 所示。

代码清单 6-17　onActivityResult()方法的实现（SensorActivity.java）

```java
public class SensorActivity extends Activity {
    ……
    private Intent resultIntent;
    ……
    @Override
    protected void onActivityResult(int requestCode, int resultCode,
                                    Intent data)
    {
        super.onActivityResult(requestCode, reslultCode, data);
        displayText();
        if(resultCode == RESULT_OK){
            resultIntent = data;
            if(data.getStringExtra(ConfiActivity.EXTRA_NAME) !=
```

```
            null && data.getStringExtra(ConfigActivity.EXTRA_
                                                            NAME).
        equals("name"))
{
    nameLable.setVisibility(View.GONE);
    name.setVisibility(View.GONE);
}
if(data.getStringExtra(ConfiActivity.EXTRA_TYPE) !=
        null && data.getStringExtra(ConfigActivity.EXTRA_
                                                            TYPE).
        equals("type"))
{
    typeLable.setVisibility(View.GONE);
    type.setVisibility(View.GONE);
}
if(data.getStringExtra(ConfiActivity.EXTRA_MAXRANGE) !=
    null && data.getStringExtra(ConfigActivity.EXTRA_
                                                        MAXRANGE).
    equals("maxrange"))
{
    maxRangeLable.setVisibility(View.GONE);
    maxRange.setVisibility(View.GONE);
}
if(data.getStringExtra(ConfiActivity.EXTRA_VERSION) !=
    null && data.getStringExtra(ConfigActivity.EXTRA_
                                                        VERSION).
    equals("version"))
{
    versionLable.setVisibility(View.GONE);
    version.setVisibility(View.GONE);
}
if(data.getStringExtra(ConfiActivity.EXTRA_ACCURACY) !=
    null && data.getStringExtra(ConfigActivity.EXTRA_
                                                        ACCURACY).
    equals("accuracy"))
```

第6章 第二个Activity

```
            {
                accuracyLable.setVisibility(View.GONE);
                accuracy.setVisibility(View.GONE);
            }
        }
        displaySensor(allSensor.get(mCurrentIndex));
    }
    ……
}
```

为了能正确响应用户在 ConfigActivity 中选择不呈现的信息，需要对之前的 onSensorChanged()做相应的修改，如代码清单 6-18 所示。

代码清单 6-18　修改 onSensorChanged()（SensorActivity.java）

```
@Override
public void onSensorChanged(SensorEvent event){
    timestamp.setText(String.valueOf(event.timestamp));
    if(resultIntent != null && resultIntent.getStringExtra(
            ConfigActivity.EXTRA_TIMESTAMP) != null &&
            resultIntent.getStringExtra(ConfigActivity.
            EXTRA_TIMESTAMP).equals("timestamp"))
    {
        timestampLabel.setVisibility(View.GONE);
        timestamp.setVisibility(View.GONE);
        timestampUntis.setVisibility(View.GONE);
    }
    ……
}
```

加入以上代码是因为，onSensorChanged()会随着传感器读数变化来刷新文本的显示，而当用户在 ConfigActivity 选择了不显示该信息时，就应该隐藏该信息。

我们将显示传感器读数的代码封装在 showEventData()中，因为不同传感器可能有两种类型的读数，一种是只有一个数值（如光线传感器、距离传感器数值等），另一种是多个数值的传感器（如加速度传感器、陀螺仪等）。为了处理这两种情况，我们使用两个重

139

载的 showEventData() 来完成。

- showEventData(label, units, x, y, z)。
- showEventData(label, units, value)。

对应代码如代码清单 6-19 和代码清单 6-20 所示。

代码清单 6-19　修改 showEventData()（SensorActivity.java）

```java
private void showEventData(String label, String units, float x,
                                            float y, float z)
{
    ......
    if(resultIntent != null &&resultIntent.getStringExtra(
        ConfigActivity.EXTRA_XAXIS) != null &&resultIntent.
                                                getStringExtra(
        ConfigActivity.EXTRA_XAXIS).equals("xAxis"))
    {
        xAxisLabel.setVisibility(View.GONE);
        xAxis.setVisibility(View.GONE);
        count++;
    }
    else
    {
        xAxisLabel.setVisibility(View.VISIBLE);
        xAxis.setText(String.valueOf(x));
    }
    if(resultIntent != null &&resultIntent.getStringExtra(
        ConfigActivity.EXTRA_YAXIS) != null &&resultIntent.
                                                getStringExtra(
        ConfigActivity.EXTRA_YAXIS).equals("yAxis"))
    {
        yAxisLabel.setVisibility(View.GONE);
        yAxis.setVisibility(View.GONE);
        count++;
    }
```

```
        else
        {
           yAxisLabel.setVisibility(View.VISIBLE);
           yAxis.setText(String.valueOf(y));
        }
        if(resultIntent != null &&resultIntent.getStringExtra(
           ConfigActivity.EXTRA_ZAXIS) != null &&resultIntent.
                                                    getStringExtra(
           ConfigActivity.EXTRA_ZAXIS).equals("zAxis"))
        {
           zAxisLabel.setVisibility(View.GONE);
           zAxis.setVisibility(View.GONE);
           count++;
        }
        else
        {
          zAxisLabel.setVisibility(View.VISIBLE);
           zAxis.setText(String.valueOf(z));
        }

        if(count == 3)
        {
           dataLabel.setVisibility(View.GONE);
           dataUnits.setVisibility(View.GONE);
        }
    }
```

代码清单 6-20 修改 showEventData()(SensorActivity.java)

```
    private void showEventData(String label, String units, float value)
    {
        if(resultIntent != null &&resultIntent.getStringExtra(
           ConfigActivity.EXTRA_SINGLEVALUE) != null &&
           resultIntent.getStringExtra(ConfigActivity.EXTRA_
                                  SINGLEVALUE).equals("singleValue"))
```

```
            {
                dataLabel.setVisibility(View.GONE);
                dataUnits.setVisibility(View.GONE);
                singleValue.setVisibility(View.GONE);
            }
            else
            {
                dataLabel.setVisibility(View.VISIBLE);
                dataLabel.setText(label);
                dataUnits.setVisibility(View.VISIBLE);
                dataUnits.setText("("+ units +")");
                singleValue.setVisibility(View.VISIBLE);
                singleValue.setText(String.valueOf(value));
            }
            xAxisLabel.setVisibility(View.GONE);
            xAxis.setVisibility(View.GONE);
            yAxisLabel.setVisibility(View.GONE);
            yAxis.setVisibility(View.GONE);
            zAxisLabel.setVisibility(View.GONE);
            zAxis.setVisibility(View.GONE);
}
```

6.4 Activity 的使用与管理

现在 Sensor Test 已经实现了本章开始时提出的功能，当在各 Activity 间往返的时候，我们来看看操作系统层面到底发生了什么。首先，在桌面启动器（launcher）中单击 SensorTest 应用时，操作系统并没有启动应用，而只是启动了应用中的一个 Activity。确切地说，它启动了应用的 launcher Activity。在 SensorTest 应用中，SensorActivity 就是它的 launcher Activity。

使用应用向导创建 SensorTest 应用及 SensorActivity 时，SensorActivity 被默认设置为 launcher Activity。配置文件中，在 SensorActivity 声明的 intent-filter 元素节点下，可看到 SensorActivity 被指定为 launcher Activity，如代码清单 6-21 所示。

第6章 第二个Activity

代码清单 6-21 SensorActivity 被指定为 launcher Activity（AndroidManifest.xml）

```xml
<?xml version="1.0" encoding="utf-8"?>
<manifest xmlns:android="http://schemas.android.com/apk/res/android"
 ……>
……
  <application
  ……>
  <activity
    android:name="com.example.ming.SensorTest.SensorActivity"
    android:label="@string/app_name" >
    <intent-filter>
      <action android:name="android.intent.action.MAIN" />
      <category android:name="android.intent.category.LAUNCHER" />
    </intent-filter>
  </activity>
  <activity
    android:name=".ConfigActivity"
    android:label="@string/app_name" />
  </application>
</manifest>
```

当 SensorActivity 实例出现在屏幕上后，用户单击"config"按钮，ConfigActivity 实例在 SensorActivity 实例上被启动，此时，它们都处于 Activity 栈中，如图 6-13 所示。

单击"Prev"按钮，ConfigActivity 实例被弹出栈外，SensorActivity 重新回到栈顶部，如图 6-13 所示。

在 ConfigActivity 中调用 Activity.finish()方法同样可以将 ConfigActivity 从栈里弹出，例如，在 Android Studio 中运行 SensorTest 应用，在 SensorActivity 界面单击"Prev"按钮，SensorActivity 将从栈里弹出，我们将退回到 SensorTest 应用运行前的画面，如图 6-14 所示。

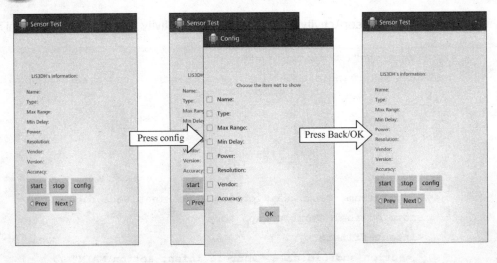

图 6-13 SensorTest 的回退栈

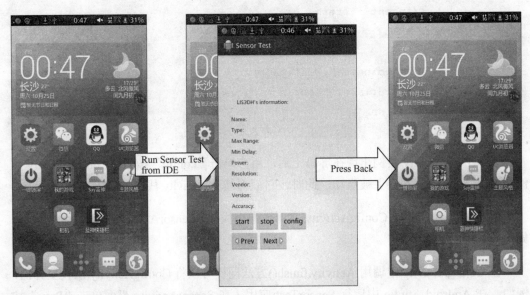

图 6-14 Android Studio 中运行应用，后退返回至桌面

如果从桌面启动器启动 SensorTest 应用，在 SensorActivity 界面单击"Prev"按钮，将退回到桌面启动器界面，如图 6-15 所示。

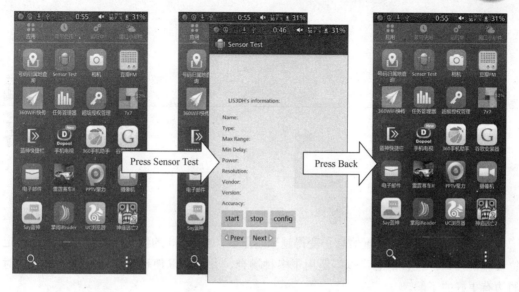

图 6-15 从桌面启动器启动 SensorTest 应用

在桌面启动器界面，单击"Prev"按钮，将返回到桌面启动器启动前的系统界面。

至此，我们已经看到，ActivityManager 维护着一个非特定应用独享的回退栈，所有应用的 Activity 都共享该回退栈。这也是将 ActivityManager 设计成操作系统级的 Activity 管理器来负责启动应用 Activity 的原因之一。不局限于单个应用，回退栈作为一个整体共享给操作系统及设备使用。

第 7 章
位置管理器

在移动开发领域，位置信息正变得越来越重要，Android 的位置服务提供访问设备定位设施的接口。位置信息可以广泛用于多种场合，并且可以使设备和运行其上的软件对周边有更好的了解。

本章我们将学习如何使用 Android 提供的位置服务来获取设备的位置信息，因此，本章创建一个 LocationTest 应用来获取手机的位置信息，并通过该应用来讲解如何使用 Android 位置服务 API，应用界面如图 7-1 所示。

图 7-1 LocationTest 界面

第7章 位置管理器

7.1 Android 位置服务 API

要想获取到手机、平板电脑等移动设备的位置信息,可以使用 Android 系统提供的 LocationManager 服务。同之前提到的 SensorManager 类似,LocationManager 也是一个 Android 系统服务,可以通过 LocationManager 取得设备位置信息。

Android 提供的位置服务 API 包含 5 个主要组件,分别为四个类(LocationManager、LocationProvider、Location、Criteria)和一个接口(LocationListener)。

位置服务组件之间的关系类似于之前所学的传感器组件之间的关系,如图 7-2 所示。

图 7-2 位置组件协作关系

7.1.1 LocationManager

使用 Android 位置服务的主入口是 LocationManager,应用可通过 LocationManager 告知 Android 何时开始需要获取位置信息的更新,何时因不再需要而停止获取位置更新。另外,LocationManager 提供当前位置信息,如可用的位置提供者、已经启用的位置提供者、GPS 状态信息等,LocationManager 也可以提供最近已知的(缓存的)位置。需要注意的是,与 SensorManager 类似,LocationManager 是系统级服务,直接从上下文获得,不能直接实例化,可通过调用以下方法获得。

```
getSystemService(Context.LOCATION_SERVICE);
```

7.1.2 获取位置更新

位置数据通过两种方式传递给应用：一种是直接调用 LocationListener，另一种是使用广播 Intent。LocationListener 方式是相对简单的方式，但通过广播 Intent 的方式可以提供更大的灵活性，特别是在需要提供位置更新信息到多个应用组件的时候。

（1）使用 LocationListener 获取位置更新：LocationListener 的对象会通过回调方法 onLocationChanged()收到位置更新通知，为了收到位置更新，LocationListener 实例需要通过 LocationManager 向 Android 系统注册。

（2）使用广播 Intent 获取位置更新：当多个应用组件都需要能够获取更新的情况下，使用一个含有位置更新的 Intent 广播可以提供更高的灵活性。为使用广播 Intent，应用需要实现 BroadcastReceiver，并注册它以获取位置更新的 Intent。

7.1.3 LocationProvider

LocationProvider 是 Android 中不同位置信息来源的抽象。Android 提供不同来源的数据，这些数据都有着明显不同的特征，虽然每个提供者产生不同的位置数据，但是它们都是以相同的方式与应用通信的，并且以相同的方式为应用提供类似的数据。

Android 提供的几种不同位置数据源如下。

- GPS 提供者：GPS_PROVIDER。
- 网络（基站、Wi-Fi）提供者：NETWORK_PROVIDER。
- 被动提供者：PASSIVE_PROVIDER。

7.1.4 Location

Location 封装了从位置提供者提供给应用的位置数据，这些实际的位置数据由某个具体的位置信息源产生。Location 封装的位置数据包括类似经纬度的位置信息、位置所对应的时间、位置信息的提供程序，还可能包括海拔、速度、移动方向和准确度级别等信息。

虽然 Location 类有着各种各样的位置数据属性，但不是所有的位置提供者都会填充所有的属性，这具体取决于提供程序。例如，一个应用使用的位置提供者没有提供海拔数据，Location 的实例就不会包含海拔信息。为方便开发人员，提供了一组返回布尔值的 has…()方法，如 hasAccuracy()和 hasAltitude()。Android 建议在使用可选信息之前，首先调用对应信息的 has…()方法，比如在调用 getAccuracy()之前，先调用 hasAccuracy()方法，以确保想获取的信息位置提供者可以提供。

7.1.5 Criteria

应用可以使用 Criteria 类来查询 LocationManager，以便获取包含特定特征的位置提供者。Criteria 类使得应用不必担心直接使用单独的位置提供者的实施细节，一旦被实例化，应用就可以设置或取消设置 Criteria 类的属性，以反映应用所关心的位置提供者的特征。表 7-1 提供了 Criteria 类的属性列表，使用这些属性可以选择位置提供者。

表 7-1　位置标准属性

属　性	说　明	可　选　值
accuracy	指明对位置提供程序的整体位置精度要求	Criteria.ACCURACY_FINE 或 Criteria.ACCURACY_COURSE
altitudeRequired	指明是否需要位置提供程序提供海拔信息	true 或 false
bearingRequired	指明是否需要位置提供程序提供方向信息	true 或 false
bearingAccuracy	指明是否需要位置提供程序提供方向的精度信息	Criteria.ACCURACY_HIGH 或 Criteria.ACCURACY_LOW
costAllowed	指明是否允许使用有偿位置提供程序	true 或 false
horizontalAccuracy	指明对经纬度的精度要求	Criteria.ACCURACY_HIGH、Criteria.ACCURACY_MEDIUM 或 Criteria.ACCURACY_LOW
powerRequirement	指明对位置提供程序的能耗要求	Criteria.POWER_HIGH、Criteria.POWER_MEDIUM 或 Criteria.POWER_LOW
speedRequired	指明是否需要位置提供程序提供速度信息	true 或 false
speedAccuracy	指明是否需要位置提供程序提供速度精度信息	Criteria.ACCURACY_HIGH 或 Criteria.ACCURACY_LOW
verticalAccuracy	指明是否需要位置提供程序提供海拔精度信息	Criteria.ACCURACY_HIGH 或 Criteria.ACCURACY_LOW

7.2 LocationListener

LocationListener 接口包含了一组回调方法，这些回调方法可以对当前设备的位置改变或位置服务的状态改变做出反应。为了实现 LocationListener，一个类必须包含以下回调方法。

- public void onLocationChanged(Location location){};
- public void onStatusChanged(String provider, int status, Bundle extras){};
- public void onProviderEnabled(String provider){};
- public void onProviderDisabled(String provider){}。

LocationTest 的布局类似于 SensorTest 布局结构，如图 7-3 所示。

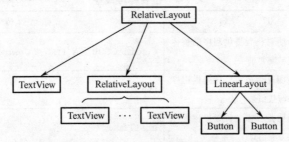

图 7-3　LocationTest 界面布局结构

7.2.1　获取 LocationManager 系统服务

LocationManager 是进入位置服务的入口，应用需要引用它，因此需要通过调用 Activity.getSystemService(LOCATION_SERVICE)来完成，这通常是在 Activity 的 onCreate() 方法中完成的，如代码清单 7-1 所示。

代码清单 7-1　获取 LocationManager 服务（LocationActivity.java）

```
……
protected void onCreate(Bundle savedInstanceState)
{
    super.onCreate(savedInstanceState);
    setContentView(R.layout.activity_location);
    mLocationManager=(LocationManager)getSystemService(
```

```
                    Context.LOCATION_SERVICE);
    }
......
```

7.2.2 确定使用的位置数据源

即确定程序要使用的 LocationProvider，对于不同的位置提供者，需要在程序中提供不同的权限。

- GPS_PROVIDER（使用 GPS）：

```
android.permission.ACCESS_FINE_LOCATION
android.permission.ACCESS_COARSE_LOCATION
```

- NETWORK_PROVIDER（使用基站、Wi-Fi 等）：

```
android.permission.ACCESS_COARSE_LOCATION
```

- PASSIVE_PROVIDER（旁听其他应用位置数据）：

```
android.permission.ACCESS_FINE_LOCATION
```

LocationTest 使用 GPS 作为设备位置信息的数据源，因此在程序中使用 LocationManager.GPS_PROVIDER，在 AndroidManifest.xml 文件中需要加入相对应的权限，如代码清单 7-2 所示。

代码清单 7-2　为程序添加使用 GPS 权限（AndroidManifest.xml）

```
......
<manifest xmlns:android="http://schemes.android.com/apk/res/android"
    package="com.example.ming.locationtest.location">
<use-permission android:name="android.permission.ACCESS_FINE_LOCATION">
......
```

7.2.3 设置 LocationListener 监听器

获取 LocationManager 系统服务后，如何才能获取到设备的位置信息呢？设备的位置信息封装在 Location 中，而物理的数据信息是由 LocationProvider 提供的，为了将两者结合起来，在程序中必须设置对 LocationProvider 的监听器，当位置信息更新时，会将位置数据封装在 Location 中传递给应用程序。

下面我们来实现这个 LocationListener 的实例，如代码清单 7-3 所示。

代码清单 7-3　实现 LocationListener（LocationActivity.java）

```java
……
mLocationListener=new LocationListener()
{
    @Override
    public void onLocationChanged(Location location)
    {
        Log.i(TAG, "onLoactionChanged called!");
        if(location!=null)
        {
            mLatitude.setText(String.valueOf(location.getLatitude()));
            mLongitude.setText(String.valueOf(location.getLongitude()));
            mALtitude.setText(String.valueOf(location.getAltitude()));
            mTimestamp.setText(String.valueOf(location.getTime()));
        }
    }

    @Override
    public void onStatusChanged(String provider, int status, Bundle extras){}

    @Override
    public void onProviderEnabled(String provider){}

    @Override
    public void onProviderDisabled(String provider){}
}
……
```

在代码清单 7-3 中，我们新建一个 LocationListener 的实例，并实现了其中的四个回调方法。在 onLocationChanged()回调方法中，当设备位置数据变化更新时被调用，更新的数据封装在 Location 当中作为参数传入，在程序中就能对这些数据进行处理。获取位置信息后可以做很多操作，这里我们只是简单地在界面上显示这些数据（通过调用 Location.getLatitude()等）。

7.2.4 注册 LocationListener 监听器

同第 3 章的 SensorTest 程序类似，我们在按下 LocationTest 上的 "Start" 按钮后开始监听位置数据变化，所以在 LocationActivity 中修改以下代码，如代码清单 7-4 所示。

代码清单 7-4　注册监听器（LoactionActivity.java）

```java
public class LocaitonActivity extends Activity
{
    private String provider = LocationManager.GPS_PROVIDER;
    ……
    protected void onCreate(Bundle savedInstanceState)
    {
        ……
        mStartBtn.setOnClickListener(new View.OnClickListener()
        {
            @Override
            public void onClick(View v)
            {
                mLocationManager.requestLocationUpdates(provider,0,0,
                                            mLocationListener);
            }
        });
        ……
    }
}
```

通过 LocationManager 的 requestLocationUpdates()方法来注册监听器，当设备位置数据有变化更新时，就可以监听得到这些数据，并存储在 Location 中，在程序中就可以由

Location 来对这些数据进行操作。

这个方法中的第一个参数为提供位置信息的数据源，可以为 GPS_PROVIDER、NETWORK_PROVIDER、PASSIVE_PROVIDER，分别表示三种不同的位置信息数据源提供者；第二个参数为位置变化的通知时间，单位为毫秒；第三个参数为位置变化通知距离，单位为米；第四个参数为监听器，用来监听 LocationProvider 的数据的变化，这里是 mLocationListener。

同样，在我们不需要监听设备位置更新时，需要主动地注销对位置更新的监听，如代码清单 7-5 所示。

代码清单 7-5　注销监听器（LoactionActivity.java）

```java
……
mStopBtn.setOnClickListener(new View.OnClickListener()
{
    @Override
    public void onClick(View v)
    {
        mLocationManager.removeUpdates(mLocationListener);
        updateUI();
    }
});

@Override
public void onPause()
{
    super.onPause();
    mLocationManager.removeUpdates(mLocationListener);
}
……
```

这里调用了 LocationManager 的 removeUpdates() 来注销对数据源的监听，并使用 updateUI() 来更新界面的显示内容（将界面上的内容显示为空）。updateUI() 方法具体如代码清单 7-6 所示。

代码清单 7-6　updateUI()（LoactionActivity.java）

```
……
private void updateUI()
{
    mLatitude.setText("");
    mLongitude.setText("");
    mAltitude.setText("");
    mTimestamp.setText("");
}
……
```

注意，需要说明的是，因为使用 GPS 来定位用户位置信息，而 GPS 定位会消耗较大的电量资源，因此，当用户按下"Stop"按钮或者离开当前界面（onPause()生命周期方法被调用时）时，就应该及时注销对 GPS 数据源的监听。

第8章 Funf 开源感知框架

本章将介绍一个 Funf 开源感知框架，这个框架可用来收集通过手机传感器感知的数据，为那些需要获取 Android 手机传感器数据的应用提供方便而且功能强大的接口。通过对这个框架的学习，我们可以更深入地了解 Android 系统是如何将传感器数据传递给应用程序的。因为 Funf 框架本身没有界面，为了说明 Funf 框架背后的设计思想和原理，我们以一个基于 Funf 开发的 Android 应用 Funf Journal 作为切入点进行说明。

8.1 Funf Journal

Funf Journal 是一个基于 Funf 开源感知框架的 Android 应用，该应用构建在 Funf 框架之上，用于收集设备上的数据、支持数据监测和导出，以及上传数据后的数据分析。

Funf Journal 运行界面图如图 8-1 所示。

该应用包含 3 个主要功能模块：数据收集模块、探针配置模块、数据监测和导出模块。

1. 数据收集模块

可用来快速浏览所有探针（Probe）的状态。探针泛指所有的传感器，包含软件和硬件传感器，例如，联系人探针、加速计探针等。在这个模块中，可以选择需要采集的数据类型，每一种探针都会收集对应传感器的数据，例如：

- Wi-Fi：获取附近可用热点信息。

- Location：使用基站、Wi-Fi 结合 GPS 获取位置信息。
- Activity：用加速计感知用户的活动。
- Bluetooth：获取附近蓝牙设备信息。
- Screen：记录屏幕开关的记录。
- Battery：记录电池状态信息。
- Installed Apps：记录当前安装的 App 信息。
- Running Apps：记录当前运行的 App 信息。

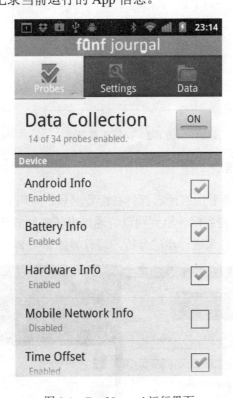

图 8-1　Funf Journal 运行界面

2. 探针配置模块

当选择了采集数据的探针后，就可以可对传感器数据采集过程进行配置了。例如，每个探针采样的周期、时长都可手工进行配置。Funf Journal 支持从外部导入配置，也支持将当前配置导出到指定位置。例如，对活动级别探针的配置如图 8-2 所示。

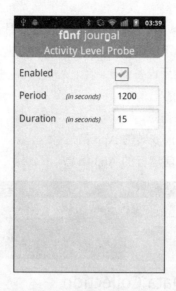

图 8-2　探针配置界面

3. 数据监测和导出模块

在这个模块里,可以查看所有所选探针在配置时长、周期下所采集的数据条目信息,也可以通过导出功能将这些数据导出到网盘、通过电子邮件或蓝牙发送出去,导出的数据可再通过一些可视化软件来进一步的分析,运行界面如图 8-3 所示。

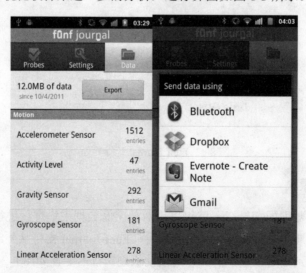

图 8-3　数据导出

第8章 Funf开源感知框架

Funf journal 的整体网络架构如图 8-4 所示。

图 8-4　Funf journal 网络整体架构

图 8-4 中最右边的可视化分析具体的例子如图 8-5 所示，其中，左上角的图采用航拍地图的方式呈现位置热点和移动轨迹，而下半部分的图采用坐标轴的方式呈现一段时间内每天每个时间段用户不同活动的强度。

图 8-5　Funf 数据的可视化分析例子

8.2 Funf 开源感知框架概述

8.1 节讲述的 Funf jounal 应用从具体应用的角度反映了 Funf 能够选择探针,以及对探针参数进行配置的基本功能,为了能实现上述功能,Funf 系统架构设计如图 8-6 所示。

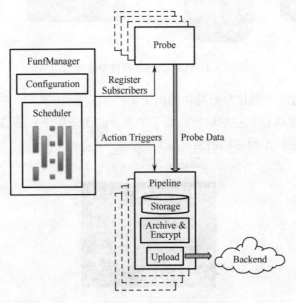

图 8-6　Funf 系统架构图

Funf 主要包含以下 3 个主要组件:FunfManager、Probe、Pipeline。在之前讲述 Funf Journal 应用中已经初步了解了探针(Probe),下面我们首先来解释为何该框架会使用探针这种方式来收集传感器数据。

在 Android 中,如果要获取不同类型传感器的数据,因为有多种不同的数据源,所以需要为每种数据源都设计一套接入访问 API。例如,在第 3 章与第 7 章中讨论过的 SensorTest 和 LocationTest 应用中,由于需要使用不同的数据源(Sensor 和 Location),因此对每种数据源都需要一套 API 来支持,如图 8-7 所示,图 8-7(a)表示传感器数据源所用的 API 类和使用方法,图 8-7(b)表示位置数据源所用的 API 类和方法。

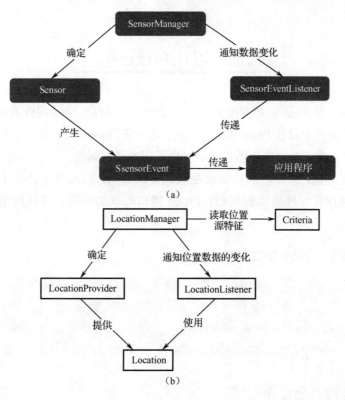

图 8-7　不同数据源的 API 对比

Android 中，不同数据源需要采用不同 API 来访问。对于需要访问多种数据源的应用而言，造成了较大的不方便，加大了应用开发的难度，以及代码实现与维护的成本。为此，Funf 从设计的角度封装了各个不同数据源的 API 访问细节，运用多态机制以统一接口的方式为应用提供一致的数据访问接口，这种一致的访问接口 Funf 称之为探针，探针的封装机制如图 8-8 所示。

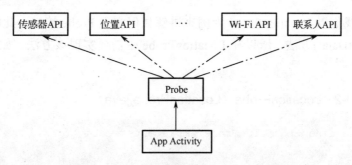

图 8-8　Probe 接口封装不同数据源访问细节

8.3 设计 Probe 接口

探针（Probe）是 Funf 中非常重要的一个组件。为了深入理解探针的设计思想，下面我们将尝试学习如何去设计 Probe 接口。首先思考一下，Probe 应该具有哪些属性和方法？因为 Probe 被定义成一个接口，所以 Probe 中不应当设置属性。对于方法而言，从 Probe 所要完成的功能考虑，最重要的功能就是向外提供数据，因此需设计一个 getData()方法来方便用户访问探针对外提供的数据。Probe 接口可以初步设计成代码清单 8-1 所示的样子。

代码清单 8-1　Probe 接口（Probe.java）

```java
public interface Probe
{
    public String getData();
}
```

8.3.1　Probe 接口的实现

设计好 Probe 接口之后，为了能够实际上获取数据，还需要通过具体探针类来实现 Probe 接口，如 LocationProbe、SensorProbe、WiFiProbe 等。来自给定数据源的数据获取和发送是由对应数据源的实现 Probe 接口的具体类来完成的。数据获取是指从 Android 系统获取相应设备数据，而数据发送是指将获取到的数据发送至应用界面或者存储在文件/数据库中。

接下来，我们以 LocationProbe 为例来讲解如何实现 Probe 接口。此时 Probe 接口中只有一个 getData()方法，所以在 LocationProbe 中需要实现该方法，如代码清单 8-2 所示。

代码清单 8-2　LocationProbe（LocationProbe.java）

```java
public class LocationProbe implements Probe
{
    private String mData;
```

```
    @Override
    public String getData()
    {
        return null;
    }
}
```

创建 LocationProbe 类之后，为了验证通过 LocationProbe 获取位置数据的流程，还需在 Activity 中使用 LocationProbe 获取数据，具体实现如代码清单 8-3 所示。

代码清单 8-3　使用 LocationProbe（LocationProbeActivity.java）

```
public class LocationProbeActivity extends Activity
{
    private LocationProbe mLocationProbe=new LocationProbe();
    private TextView mDataTView;
    @Override
    protectd void onCreate(Bundle savedInstanceState)
    {
        super.onCreate(savedInstanceState);
        setContentView(R.layout.activity_location_probe);
        mDataTView=(TextView)findViewById(R.id.tvData);
        mDataTView.setText(mLocationProbe.getData());
    }
}
```

这里我们希望通过 LocationProbe 实例的 getData() 方法来获取具体的数据，并用文本框控件显示在界面上。

8.3.2　getData() 的实现

getData() 方法需要返回从数据源获得的数据，因此在这个方法中需要首先获取位置服务 LocationManager，然后实现监听器接口，从而获得位置数据。

在 getData() 方法中获取 LocationManager 位置服务代码如代码清单 8-4 所示。

代码清单 8-4　获取 LocationManager 服务（LocationProbe.java）

```java
public class LocationProbe implements Probe
{
    private LocationManager mLocationManager;
    private String mData;
    @Override
    public String getData()
    {
        mLocationManager=(LocationManager)
                    getSystemService(Context.LOCATION_SERVICE);
        return null;
    }
}
```

这里我们期望通过调用 getSystemService()方法来获取 LocationManager 系统服务，但是编译器会报一个语法错误，即 getSystemService()方法在 LocationProbe 中未定义。这是因为该方法是 Activity 类的一个方法，因此，我们需要从调用该 LocationProbe 的 Activity 中传入当前 Activity 上下文（Context）给 LocationProbe，再通过传入的 Context 来调用 getSystemService()。

因此，我们在 LocationProbe 的构造函数中传入 Context 对象，如代码清单 8-5 所示。

代码清单 8-5　LocationProbe 构造函数中传入 Context 对象（LocationProbe.java）

```java
public class LocationProbe implements Probe
{
    private LocationManager mLocationManager;
    private String mData;
    private Context mContext;
    public LocationProbe(Context context)
    {
        mContext = context;
    }
    @Override
    public String getData()
```

```
    {
        mLocationManager=(LocationManager)
                    getSystemService(Context.LOCATION_SERVICE);
        mLoactionManager=(LocationManager)
        mContext.getSystemService(Context.LOCATION_SERVICE);
        return null;
    }
}
```

现在，已经可以正确获取 LocationManager 对象了，但是仅仅获取 LoactionManager 对象还不够，还需要实现数据监听器接口，即实现 LocationListener 接口的回调方法，如代码清单 8-6 所示。

代码清单 8-6　实现 LocationListener（LocationProbe.java）

```
......
private LocationListener mLocationListener = new LocationListener()
{
    @Override
    public void onLocationChanged(Location arg0)
    {
        if(arg0 != null)
        {
            mData = String.valueOf(arg0.getLatitude());
        }
    }
    @Override public void onProviderDisabled(String arg0){}
    @Override public void onProviderEnabled(String arg0){}
    @Override public void onStatusChanged(String arg0,int arg1,Bundle
                                                            arg2){}
};
......
```

在第 7 章中我们已经学习过如果要从位置服务获取到数据，在实现监听器接口的基础上，还需要对监听器进行注册，这样才能在数据源有数据时，监听器在监听到数据改变时将数据发送给应用，如代码清单 8-7 所示。

代码清单 8-7　注册监听器（LocationProbe.java）

```java
    private static final String TEST_PROVIDER = "TEST_PROVIDER";
    private String mProvider = TEST_PROVIDER;
    ……
    @Override
    public String getData()
    {
        mLocationManager = (LocationManager)mContext.
                            getSystemService(Context.LOCATION_SERVICE);
        mLocationManager.requestLocationUpdates(mProvider, 0,
                                                0, mLocationListener);
        return mData;
    }
    ……
```

到这里，我们已经获取了 LocationManager 系统服务，实现了数据监听器，也对监听器进行了注册。可是当运行 LocationProbeTest 应用时，界面上却没有数据显示。似乎一切看起来都很合理，为什么会没有数据呢？

获取数据的方法是 getData()，应该是这个方法出了问题。getData()方法之所以没有获取到数据，是因为数据是通过 onLocationChanged(Location)方法中的 Location 获得的。该方法是由 Android 系统负责调用的，而我们的 getData()方法在最后返回 mData 数据给应用时，onLocationChanged()方法还没被 Android 系统调用，当然不会有数据产生了。

8.3.3　通过回调方式发送数据

通过 pull 的方式（主动向 Android 系统要数据）获取这类数据是行不通的，因此必须采用 push 的方式，即通过回调方法。当 Android 系统有数据反馈时，通过回调方法将数据反馈给应用，这一过程如图 8-9 所示。

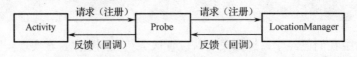

图 8-9　通过回调方式传递数据

一个 Activity 通过向 LocationManager 注册，希望从 Android 系统获取数据。当系统有数据产生时，通过回调方式将数据发送给 Probe，Probe 同样通过回调方式将数据发送给请求的 Activity。

8.3.4　发送数据

我们已经注册了对 provider 数据源的监听器，位置数据能够通过所实现的 LocationListener 的 onLocationChanged()回调方法获取，实际上是通过该回调方法的输入参数（Location 类型的）传递进来的，如代码清单 8-8 所示。

代码清单 8-8　如何发送数据（LocationProbe.java）

```java
……
mLocationListener = new LocationListener()
{
    @Override
    public void onLocationChanged(Location location)
    {
        data = "Latitude: " + String.valueOf(location.getLatitude()) +
        "\n" + "Longitude: " + String.valueOf(location.getLongitude()) +
        "\n" + "Altitude: " + String.valueOf(location.getAltitude()) +
        "\n" + "Time: " + String.valueOf(location.getTime()) + "\n"
        //如何发送这个 data
    }
    @Override
    public void onStatusChanged(String s, int i, Bundle bundle){}
    @Override
    public void onProviderEnabled(String s){}
    @Override
    public void onProviderDisabled(String s){}

}
……
```

现在主要的问题是如何将位置数据发送（即传递给应用）出去。

如代码清单 8-6 所示，在 onLocationChanged()方法中，当从系统获取位置数据后，必须在 Probe 接口中添加对这些数据的监听器。应用程序通过注册数据监听器并通过这个监听器中的回调方法就能够获取数据。

我们需要完善对 Probe 的设计。为 Probe 添加 DataListener 接口，这个接口有一个用于传递数据的 onDataReceived()回调方法，如代码清单 8-9 所示。

代码清单 8-9　修改 Probe 接口（Probe.java）

```
public interface Probe
{
    public String getData();
    public void sendData();
    public interface DataListener
    {
        public void onDataReceived(String data);
    }
}
```

（注：public String getData(); 带有删除线）

我们删除原有的 getData()方法，改为没有返回值的 sendData()方法，并在 Probe 接口中添加一个内部 DataListener 接口。这个接口中有一个 onDataReceived()方法，该方法会在 onLocationChanged()中被调用。这样，当从 Android 系统获取数据后就能立即通过这个方法将位置数据传递给应用程序。

通过 LocationListener 监听器能够监听位置数据的一个前提是当需要通过监听器监听数据时需要注册监听器，而在不需要监听数据时需要注销监听器。类似地，探针的数据监听器 DataListener 也需要实现监听器注册和注销的功能，为此，需要在 Probe 接口中分别定义注册和注销监听器的方法，如代码清单 8-10 所示。

代码清单 8-10　添加 registerListener()和 unRegisterListener()（Probe.java）

```
public interface Probe
{
    public void sendData();
    public interface DataListener
```

```
    {
        public void onDataReceived(String data);
    }
    public void registerListener(DataListener listener);
    public void unRegisterListener();
}
```

8.3.5 修改 LocationProbe

因为我们修改了 Probe 接口，所以作为 Probe 接口的一种实现，LocationProbe 也需要进行修改，如代码清单 8-11 所示。

代码清单 8-11　修改 LocationProbe 接口（LocationProbe.java）

```java
public class LocationProbe implements Probe
{
    ......
    private DataListener dataListener;
    @Override
    public void registerListener(DataListener listener)
    {
        if(listener != null)
        {
            dataListener = listener;
        }
    }
    @Override
    public void unRegisterListener()
    {
        dataListener = null;
    }

    @Override
    public void sendData()
```

```java
{
    ……
    mLocationListener = new LocationListener()
    {
        @Override
        public void onLocationChanged(Location location)
        {
            data = "Latitude: "+String.valueOf(location.getLatitude())
                +"\n"+"Longitude: "+String.valueOf
                    (location.getLongitude())+"\n"
                +"Altitude: "+String.valueOf(location.getAltitude())
                +"\n"+"Time: "+String.valueOf(location.getTime());
            if(dataListener !=null)
            {
                dataListener.onDataReceived(data);
            }
        }
        ……
    };
}
```

这里通过在 onLocationChanged()这个回调方法中调用我们自己 DataListener 的 onReceived()方法，并将定制的位置字符串数据作为参数传入，这样当 Android 系统感知到数据改变时就能将这些数据发送给应用程序。

8.3.6 实现 ProbeTest

新建一个 ProbeTest 应用，在这个应用中使用我们创建的 LocationProbe 来获取设备的位置信息，并显示在用户界面上。界面类似于第 7 章的 LocationTest 应用，如图 8-10 所示。

第8章 Funf开源感知框架

图 8-10　ProbeTest 应用界面

首先，在 ProbeTest 应用中新建一个 ProbeActivity，并让其实现 Probe 类的内部接口 DataListener。然后，在 ProbeActivity 中定义一个我们自己设计的 LocationProbe，并在构造方法中传入应用程序上下文。程序通过这个 LocationProbe 的实例便可获取设备的位置数据信息。

因为 ProbeActivity 实现了 DataListener 接口，所以该接口的方法 onDataListener(String data) 中参数 data 就是我们需要的数据。这里我们将获取的设备位置数据以文本方式显示在用户界面上，如代码清单 8-12 所示。

代码清单 8-12　使用 LocationProbe 获取数据（ProbeActivity.java）

```java
public class ProbeActivity extends Activity implements DataListener
{
    ……
    private TextView mData;
    private LocationProbe locationProbe;
    public void onCreate(Bundle savedInstanceState)
    {
```

```
    ……
        locationProbe = new LocationProbe(getApplicationContext());
    ……
    }
    public void onDataReceived(String data)
    {
        mData.setText(data);
    }
    ……
}
```

同样，我们还需要在程序中的为"Start"和"Stop"按钮设置单击监听事件。用户在按下"Start"按钮时注册对 LocationProbe 数据的监听，并在界面上显示这些数据；在按下"Stop"按钮时注销对 LocationProbe 的监听。这里只需要调用我们在 LocationProbe 中已经实现的注册/注销方法即可，如代码清单 8-13 所示。

代码清单 8-13　设置 Start/Stop 按钮单击监听事件（ProbeActivity.java）

```
public class ProbeActivity extends Activity implements DataListener
{
    ……
    mStartBtn.setOnClickListener(new View.OnClickListener()
    {
        @Override
        public void onClick(View v)
        {
            locationProbe.registerListener(ProbeActivity.this);
            locaitonProbe.sendData();
        }
    });
    mStopBtn.setOnClickListener(new View.OnClickListener()
    {
        @Override
        public void onClick(View v)
        {
            locationProbe.unRegisterListener();
```

```
        updateUI();
    }
});
private void updateUI()
{
    mData.setText("");
}
......
}
```

8.4 BasicPipeline

8.3 节中的 ProbeTest 应用通过使用继承自 Probe 接口的 LocationProbe 获取设备数据，并显示在界面中。但大部分情况不是简单地显示数据，而是要做进一步分析，这就需要将收集的数据暂存起来，例如，以文件形式存储在手机或数据库中等。

Funf 的系统架构图（见图 8-6）表明 Pipeline 具有存储、归档、加密，以及上传数据到网络等功能。为了让 ProbeTest 程序具备存储的功能，有必要修改之前的 ProbeTest 程序，使其能够将获得的数据以文件的形式存储在手机中。

为此，在 ProbeTest 界面中添加一个"Save"按钮。当单击"Save"按钮时注册对 LocationProbe 数据监听，然后将获取的数据以文件的形式保存在设备中，程序运行界面如图 8-11 所示。

8.4.1 处理保存数据的 BasicPipeline

我们首先来创建一个 BasicPipeline 类。在 BasicPipeline 类中，需要实现 DataListener 接口，用来从 LocationProbe 探针获取数据，并且需要定义一个 writeData() 方法，用来将数据写入到文件当中。与此同时，BasicPipeline 作为 LocationProbe 的监听器必须实现监听器的 onDataReceived() 方法。BasicPipeline 的代码如代码清单 8-14 所示。

图 8-11 添加数据保存功能的 ProbeTest 应用

代码清单 8-14 BasicPipeline（BasicPipeline.java）

```java
public class BasicPipeline implements DataListener
{
    protected void writeData(String data)
    {
        // save data to file
    }

    @Override
    public void onDataReceived(String data)
    {
        writeData(data);
    }
}
```

在代码清单 8-14 中，一旦回调方法 onDataReceived 从 LocationProbe 获取位置数据，就可调用新创建的 writeData()方法，将获取到的位置数据传递给 writeData()方法进行处理。writeData()需要实现将数据以文件形式存入设备的功能，主要是对文件 I/O 的操作，具体如代码清单 8-15 所示。

代码清单 8-15　writeData()方法（BasicPipeline.java）

```java
public void writeData(String data)
{
    String fileName = "ProbePipeline";
    File file = new File(mContext.getFilesDir(), fileName);
    FileOutputStream outputStream;
    try
    {
        outputStream =Context.openFileOutput(fileName,
                                        Context.MODE_APPEND);
        outputStream.write(data.getBytes());
        outputStream.close();
    }
    catch(Exception e)
    {
        e.printStackTrace();
    }
}
```

代码清单 8-15 中的 fileName 表示需要保存文件的名称。在当前应用程序的目录下创建一个文件名"ProbePipeline"的文件。mContext 为存储应用程序上下文的类成员变量，可通过实例化 BasicPipeline 对象时传入。之所以需要要传入应用的上下文，是因为应用上下文提供了访问应用文件目录的方法 getFilesDir()。为此，需在 BasicPipeline 类中添加成员变量 mContext 和传入应用上下文的构造方法，修改的代码如代码清单 8-16 所示。

代码清单 8-16　BasicPipeline（BasicPipeline.java）

```java
public class BasicPipeline implements DataListener
{
    Context mContext;
    public BasicPipeline(Context context)
    {
        mContext = context
```

```
        }
    ......
        }
```

getFilesDir()获取当前应用程序在文件系统中的绝对路径，创建的文件保存在"/data/data/<package name>/files"目录下。定义一个 FileOutputStream 文件输出流变量，用于将数据以字节流方式写入文件中；通过 openFileOutput()方法得到一个文件输出流。其中，第一个参数为创建的文件名 fileName（不能包含'/'符号）；第二个参数为操作模式，这里选择追加模式。然后 FileOutputStream 的 write()方法将数据以字节流的方式写入 fileName 对应的文件中。

8.4.2 BasicPipeline 的使用

为了在程序中使用 BasicPipeline 将获取的数据存储起来，需在 ProbeActivity 中定义一个 BasicPipeline 对象，并在 onCreate()方法中实例化，如代码清单 8-17 所示。

代码清单 8-17 ProbeActivity 方法（ProbeActivity.java）

```java
public class ProbeActivity extends Activity implements DataListener
{
    private static final String TAG="ProbeActivity";
    LocationProbe locationProbe;
    BasicPipeline pipeline;
    ......
    public void onCreate(Bundle savedInstanceState)
    {
        super.onCreate(savedInstanceState);
        pipeline = new BasicPipeline(getApplicationContext());
    }
}
```

注意到代码清单 8-17 中创建 BasicPipeline 对象时传入的参数是应用的上下文，而不是 ProbeActivity 的上下文，因为应用的文件目录是存储在应用上下文而不是 Activity 上下文中的。接下来，我们需要通过 BasicPipeline 对象保存获取的位置数据，为此，我们来设置"Save"按钮的单击监听事件。首先，需要注册对 LocationProbe 数据的监听；其

次，获取数据并将数据存储在文件中，如代码清单 8-18 所示。

代码清单 8-18　设置 Save 按钮单击监听事件（ProbeActivity.java）

```
……
mSaveBtn.setOnClickListener(new View.OnClickListener()
{
    @Override
    public void click(View v)
    {
        locationProbe.registerListener(pipeline);
        locationProbe.sendData();

        Toast.makeText(getBaseContext(),"information have been saved
                    to "+getApplicationContext().getFileDir()+
                    "/",Toast.LENGTH_LONG).show();
    }
});
……
```

因为 BasicPipeline 也实现了 DataListener 接口，所以通过监听器注册就可以获取 LocationProbe 的数据。调用 sendData()方法发送数据给 BasicPipeline，这样在 BasicPipeline 中通过 onDataReceived()方法就可以获取数据，并通过 BasicPipeline 内置的 writeData()方法将数据写入文件。

我们已经将数据通过 BasicPipeline 保存到设备的文件中了，可以通过 DDMS 来查看已保存数据的文件。打开 DDMS，在 File Explorer 标签选项中查看"/data/data/<package-name>/files"，会看到名为 ProbePipeline 的文件，这个正是我们保存的设备位置信息的数据文件，如图 8-12 所示。

图 8-12　保存在设备上的 ProbePipeline 文件

我们打开这个文件，可以看到存储的文件内容，如图 8-13 所示。

图 8-13　ProbePipeline 保存的用户位置数据

8.5　FunfManager

回顾 8.3 节和 8.4 节程序中使用 Probe、Pipeline 的方式，要么在 Activity 中直接对 LocationProbe 进行注册，要么使用 Pipeline 对 LocationProbe 注册，从而获取数据（在界面显示数据或将数据存储至文件），如代码清单 8-19 和代码清单 8-20 所示。

代码清单 8-19　Activity 中直接对 LocationProbe 进行注册（ProbeActivity.java）

```
……
mStartBtn.setOnClickListener(new View.OnClickListener()
{
    @Override
    public void onClick(View v)
    {
```

```
        mLocationProbe.RegisterListener(ProbeActivity.this);
        mLocationProbe.sendData();
    }
});
......
```

代码清单 8-20　使用 Pipeline 对 LocationProbe 注册（ProbeActivity.java）

```
......
mSaveBtn.setOnClickListener(new View.OnClickListener()
{
    @Override
    public void onClick(View v)
    {
        mLocationProbe.registerListener(pipeline);
        mLocationProbe.sendData();
        ......
    }
});
......
```

8.5.1　Android Service

如果在程序中有以下操作：

- 耗时操作，例如写入大量数据到文件或数据库中；
- 不需要前台界面的操作。

此时可以将 Funf 的感知数据的功能作为一个 Android 服务（service）。服务是运行在后台，不和用户交互的 Android 应用组件。需要关注的是：每个服务必须在 Android 配置文件中通过<service>来声明，如代码清单 8-21 所示。

代码清单 8-21　注册 FunfManager 服务（AndroidManefest.xml）

```
<service android:name=".FunfManager" >
</service>
```

要启动一个服务，可通过 Context.startservice()或 Context.bindService()这两种方式来启动，这两种启动方式有各自的特点和适用情景。

Context.startService()：适用于应用不和服务交互的情景，在这种启动方式下，停止服务需要调用 stopService()方法。当调用 Service 的应用程序退出时，被其启动的服务仍然存在。在这种启动方式下，服务的生命周期为：onCreate()→onStart()→onDestroy()。

Context.bindService()：在服务没有启动时，调用 onCreate()创建服务，并通过 onBind()来绑定服务。如果绑定服务的应用组件需要跟服务通信，需要通过回调方法 onBind()返回一个 IBinder 对象。这种服务启动方式需要通过 unbindService()结束绑定服务。在这种绑定模式下，当绑定服务的应用组件退出时，由其开启的服务会同时终止。这种情形下服务的生命周期为：onCreate()→onBind()→onUnbind()→onDestroy()。

8.5.2　FunfManager Service

在了解了 Android 服务后，下面我们来继续改写 ProbeTest 应用。添加一个 FunfManager 类作为一个 Android 服务，这个 FunfManager 服务用来注册 Pipeline，使得 Pipeline 能够监听 Probe 获取的数据。注意此时数据获取的任务将会在后台执行。

FunfManager 需要继承 Android 的 Service 类，这样就可以使其成为一个 Android 服务。FunfManager 类的代码如代码清单 8-22 所示。

代码清单 8-22　FunfManager 服务（FunfManager.java）

```java
public class FunfManager extends Service
{
    private Probe mLocationProbe;
    private BasicPipeline mBasicPipeline;
    @Override
    public IBinder onBind(Intent intent)
    {
        return new LocalBinder();
    }
    public class LocalBinder extends Binder
    {
        public FunfManager getFunfManager()
```

```
            {
                return FunfManager.this;
            }
        }
        public void registerPipeline(Probe probe, BasicPipeline pipeline)
        {
            this.mLocationProbe = probe;
            this.mBasicPipeline = pipeline;
        }
        @Override
        public int onStartCommand(Intent intent, int flags, int startId)
        {
            mLocationProbe.registerListener(mBasicPipeline);
            return START_STICKY;
        }
    }
```

在 FunfMananger 中，首先定义两个表示分别指向 Probe 和 Pipeline 的成员对象引用变量。FunfManager 的主要作用就是完成 Pipeline 对 Probe 数据的注册监听。回调方法 onBind(Intent)用来返回一个 IBinder 对象，应用程序可以通过 IBinder 对象和 FunfManager 进行交互。内部类 LocalBinder 继承 Binder 类，用来返回 FunfManager 对象。registerPipeline() 用来注册 Pipeline 对 Probe 的监听，这里为成员变量赋值，真正的注册在 onStartCommand() 中。因为每次启动或绑定 FunfManager 服务时应该注册 Pipeline 对 Probe 的监听，而 onStartCommand() 方法会在服务被启动或被绑定时调用，所以注册操作放在 onStartCommand()方法中。

要想在程序中使用 FunfManaer 服务，还需要在 AndroidManifest.xml 中注册服务，如代码清单 8-21 所示。

1. 启动 FunfManager Service

因为应用程序需要传递 Probe 和 Pipeline 给 FunfManager 服务，所以需要使用 bindService()方法来启动服务。在 ProbeTest 应用的 ProbeActivity 类中添加以下代码，从而方便使用 FunfManager 服务，如代码清单 8-23 所示。

代码清单 8-23 使用 FunfManager 服务（ProbeActivity.java）

```java
public class ProbeActivity extends Activity implements DataListener
{
    private LocationProbe mLocationProbe;
    private BasicPipeline mPipeline;
    private FunfManager mFunfManager;
    Button mSaveBtn;

    private ServiceConnection mFunfManagerConn = new ServiceConnection()
    {
        @Override
        public void onServiceConnected(ComponentName name, IBinder service)
        {
            mFunfManager = ((FunfManager.LocalBinder)service).
                                                     getFunfManager();
            mFunfManager.registerPipeline(locationProbe, pipeline);
        }
        @Override
        public void onServiceDisconnected(ComponentName name)
        {
            funfManager = null;
        }
    };
    ……
}
```

在 ProbeActivity 中需要定义一个 FunfManager 变量，用来表示获取的 FunfManager 服务对象。因为在调用 bindService()时需要服务连接参数，因此我们必须声明一个 ServiceConnection 对象，这个接口对象用来监听服务的状态，并实现其两个回调方法：onServiceConnected()和 onServiceDisconnected()。这两个回调方法由 Android 系统负责调用，当 ProbeActivity 完成与 FunfManager 服务的绑定后，会调用回调方法 onServiceConnected()，所以，适合在 onServiceConnected()回调方法中通过 IBinder 对象获取到 FunfManager 服务对象，并进一步通过 FunfManager 服务完成 pipeline 的注册监听操作，以便通过 Probe 获取数据。当 ProbeActivity 断开与 FunfManager 服务的连接后，回调方法 onServiceDisconnected()将会被调用，所以，适合在 onServiceDisconnected()回调方法中将 funfManager 设置为 null。

接下来，还需要在 ProbeActivity 的 onCreate()方法中通过 Context 的 bindService()方法将 ProbeActivity 和 FunfManager 服务绑定，如代码清单 8-24 所示。

代码清单 8-24　绑定 FunfManager 服务（ProbeActivity.java）

```java
……
protected void onCreate(Bundle savedInstanceState)
{
    super.onCreate(savedInstanceState);
    setContentView(R.layout.activity_probe);
    mLocationProbe = new LocationProbe(getApplicationContext());
    mPipeline = new BasicPipeline(getApplicationContext());
    mSaveBtn = (Button) findViewById(R.id.saveBtn);
    mSaveBtn.setOnClickListener(new View.OnClickListener()
    {
        @Override
        public void onClick(View v)
        {
            startService(new Intent(ProbeActivity.this, FunfManager.
                    class));
            mLocationProbe.sendData();
            Toast.makeText(getBaseContext(), "informations have been
                    saved to " +getApplicationContext().getFilesDir() +
                    "/", Toast.LENGTH_LONG).show();
        }
    });

    bindService(new Intent(this, FunfManager.class), mFunfManagerConn,
            BIND_AUTO_CREATE);
}
```

```
@Override
protected void onDestroy()
{
    super.onDestroy();
    unbindService(mFunfManagerConn);
}
```

bindService()方法中第一个参数为包含访问者 ProbeActivity 和被绑定服务 FunfManager 的 Intent 对象；第二个参数为监听服务状态的 ServiceConnection 对象；第三个参数表示当在绑定服务的同时，如果服务没有启动则直接创建这个服务并启动。

通过 bindService()方法绑定了应用和 FunfManager 服务后，在应用程序启动时，就同时启动了 FunfManager 服务，可以通过 FunfManager 服务进行 Pipeline 对 Probe 的注册。当 Pipeline 获取数据后，就可以将数据传递给应用程序，或者将数据存储在文件中。

需要注意的是，当 ProbeActivity 被销毁时，需要在 onDestroy()方法中解除 ProbeActivity 和 FunfManager 服务的绑定。

2. 对 Probe 进行完善

因为 ProbeTest 程序中有 ProbeActivity 和 BasicPipeline 两个 DataListener 对 Probe 数据进行监听，所以有必要对 Probe 进行改造。将原先 Probe 接口中的 registerListener()方法改为

```
public void registerListener(DataListener...... listener);
```

这样，当通过调用 registerListener()来注册对 Probe 的数据监听时，可同时传入多个 DataListener，完成多个 DataListener 的注册工作。

相应地，我们需要修改 LocationProbe 中的方法，如代码清单 8-25 所示。

代码清单 8-25　修改 LocationProbe（LocationProbe.java）

```
……
private Set<DataListener> dataListeners =
        Collections.synchronizedSet(new HashSet<DataListener>());

@Override
```

```java
    public void registerListener(DataListener…… listeners)
    {
        if (listeners != null)
        {
            for(DataListener listener : listeners)
                dataListeners.add(listener);
        }
    }

    @Override
    public void unRegisterListener()
    {
        DataListener[] listeners = null;
        synchronized (dataListeners)
        {
            listeners = new DataListener[dataListeners.size()];
            dataListeners.toArray(listeners);
            for (DataListener listener : listeners)
                dataListeners.remove(listener);
        }
    }
```

我们需要定义一个 DataListener 集合。通过 Collections 的 synchronizedSet()方法返回一个同步的（线程安全）的有序集合。registerListener(DataListener…listener)方法将所有的 DataListener 加入到 dataListeners 集合当中，而 unRegisterListener()方法同步地将 dataListeners 集合中的元素移除。

除此之外，还需要在 LocationProbe 当中为所有注册了的 DataListener 传递数据，如代码清单 8-26 所示。

代码清单 8-26　为所有 DataListener 传递数据（LocationProbe.java）

```java
    ……
    mLocationListener = new LocationListener()
    {
        @Override
```

```
public void onLocationChanged(Location location)
{
    ……
    if (dataListeners != null)
    {
        for (DataListener listener : dataListeners)
        listener.onDataReceived(data);
    }
    ……
};
```

当 LocationProbe 有数据产生时,为所有注了册的 DataListener 通过 onDataReceived() 传递数据。

第 9 章

利用 Funf 实现情境感知

为了展示如何利用 Funf 感知框架开发情境感知应用，本章设计了一套基于 Funf 框架的校园情境感知应用。

9.1 情境与情境感知

在实现校园情境感知应用之前，我们先来了解一下情境感知相关技术。

9.1.1 情境

情境（Context）又叫作上下文，目前对于这一概念并没有统一的定义。Paul Dourish 认为情境是一个"模糊的概念"，他认为情境不仅仅包括用户的位置、地点等信息，还应包括光线、噪声、网络连通性、通信费用、带宽，甚至社会现状。

9.1.2 情境感知（Context-Aware）

Schilit 将情境定义为位置信息、附近的人和物体的集合以及这些事物的变化，他认为情境感知就是通过各种传感器及相关技术使计算机设备能够"感知"到当前的环境信息，从而深入了解用户行为与偏好，使计算机能够完成"主动服务设计"，即提供在当前情境下用户所需的服务。而 Anind K. Dey 则认为："如果系统使用了情境感知技术为用户提供服务，那么这个系统就可以称为情境感知系统。"

9.2 总体框架设计

基于 Android 平台的校园情境感知系统的实现，首先需要利用 Android 手机采集周围环境的各种数据，再对数据进行清洗、整理，最后进行情境的推理工作，得到更高层应用所需的情境信息。

在 Android 手机终端采集周围数据的时候，不仅包括硬件传感器所采集数据，如 Wi-Fi、GPS、加速度计、陀螺仪等数据，还包括时间、用户配置、手机型号等"软"数据。除了上面提到的通过硬件传感器或者软件传感器所采集的数据外，在本系统中还可以通过外部数据源拿到学生的基本信息，如学生信息表、课程表、宿舍表等。之后，情境感知推理引擎利用 Android 终端数据和外部数据源，在推理规则的指导下，结合本地知识库，推理出当前的情境，并开放当前情境信息接口，供上层应用调用。

在情境推理引擎推理得到当前的情境信息之后，情境推理引擎会根据当前的情境信息，动态更新知识库，并根据知识库的内容，重新生成情境推理规则，达到一个反馈再学习的目的。与此同时，基于情景推理规则生成终端设备的数据采集规则，以达到低能耗获取设备数据的目的。

经过深入分析与论证之后，本章我们要实现的校园情境感知系统总体框架如图 9-1 所示。

本系统一共分为三个层次，从下至上分别是：感知层、推理层与应用层，以下分别对每个层次进行简单介绍。

9.2.1 感知层

该层主要采用由麻省理工学院（MIT）研发的 Funf 开源框架，在获取了 Android 终端设备上的各种数据之后，上传到推理层。该层主要包括以下两个方面的传感器组。

（1）硬件传感器：主要包括 Wi-Fi（无线传感器）、GPS 传感器、加速计、陀螺仪、光感应器、气压计、重力感应器、磁感应器、蓝牙无线传感器，等等。

第9章 利用Funf实现情境感知

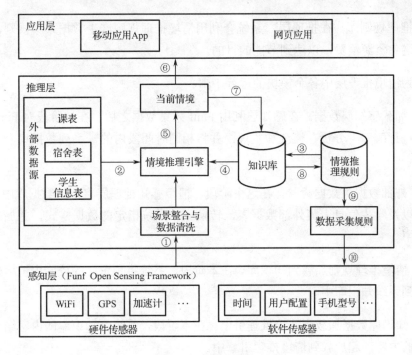

图 9-1 总体框架图

硬件传感器组主要负责采集周围环境的一些"硬性数据",例如,用户所在的位置(通过 GPS)、用户 Wi-Fi 信息(通过 Wi-Fi 传感器)等,这些数据是本系统最重要的数据。

(2)软件传感器:软件传感器主要是感知一些软件及虚拟信息,例如,感知系统时间、用户配置、Android 版本、手机型号、联系人、通话记录、信息、运行的应用,等等。

软件传感器采集的这些信息主要辅助硬件传感器组所采集到的数据,例如,结合硬件传感器组的位置信息(GPS)和软件传感器采集的系统时间,可以描绘出用户某个时间段所处的位置,以达到分析用户行为的目的。

9.2.2 推理层

推理层是本系统中最核心的部分。在该层中,主要进行了场景整合与数据清洗、情境推理规则的利用、知识库数据的读取、外部数据源的读取,以及情境推理引擎的推理,最后推理层将情境信息上传到应用层,供应用层的移动应用 App 或者网页应用调用。

此外,在情境推理引擎推理出当前的情境之后,会根据当前的情境,更新系统知识库和情境推理规则库。在推理层，系统会利用情境推理规则产生数据采集规则，指导数据采集，避免资源浪费，以达到节能的目的。

以下为情境推理层中各个模块的运行步骤。

（1）加载感知层数据。在感知层利用 Funf 采集数据之后，在该阶段对 Funf 所采集到的数据进行解密、分析、清洗和整理，并将相同时间段内的一系列数据集合打包成数据元包。

（2）外部数据源数据读取。在这个阶段，情境感知推理层将外部数据库中的课表、宿舍表，以及学生信息表等外部数据表，转换成本系统指定的数据格式，并加载到情境推理引擎中。

（3）情境推理规则加载到知识库。在本阶段，系统将预置好的校园内情境感知推理规则加载到系统知识库中。

（4）知识库数据加载到情境推理引擎。在本阶段，系统将知识库的内容结合情境推理规则库的内容一起加载到情境推理引擎中。

（5）情境推理引擎推理出当前情境。情境推理引擎根据知识库内容、外部数据源、情境推理规则等约束条件，结合数据元包，推理出当前情境。例如，利用 GPS 数据推理出当前所在的校区和教学楼，再利用 Wi-Fi 推理出具体所在的教室，这样就能得出学生所在的教室信息，进而能使应用层做出更为丰富的应用，诸如结合学生信息表能制作出上课自动签到系统等。

（6）当前情境信息传递给应用层。根据情境推理引擎推理出的情境信息，传递给应用层，供移动应用 App 或者网页应用调用。

（7）根据当前情境信息更新知识库内容。在情境推理引擎推理得到当前情境之后，系统将推理得到的情境信息反馈给知识库，知识库根据选择进行自我更新操作。可见，随着系统运行时间的增长，知识库数据将不断增大，推理的精确性也将大大提高。

（8）根据知识库的变更动态更新情境推理规则库。在（7）中知识库完成自我更新操作之后，情境推理规则库会根据知识库的更新操作，结合推理规则的实际情况完成推理规则的自我更新，使得规则库不断丰富，增加推理准确性。

（9）情境推理规则库生成数据采集规则。在情境推理规则库完成推理规则的更新之后，系统会根据情境推理规则库重新生成数据采集规则，以适应最新的系统推理规则。

（10）数据采集规则指导感知层采集数据。在本阶段，系统根据数据采集规则指导感知层的数据采集工作，以达到节能、提升性能的目的，避免资源浪费。

9.2.3 应用层

应用层是本系统与用户关系最密切的层级，该层主要利用推理层推理出的情境信息，并将信息封装之后以表格、折线图等直观友好的形式在移动应用 App 或者网页应用上呈现给用户。

该层还负责响应用户的各类操作，将用户的操作转换成系统可识别的程序，根据用户的需求，将结果呈现给用户。

9.3 系统实现

本节将具体介绍本系统的实现，根据 9.2 节提出的系统框架图，这里分别对感知层、推理层和应用层的具体实现做介绍。

9.3.1 感知层实现

感知层通过 Funf 框架来收集用户终端设备的数据，我们可以使用类似 WifiProbe 来收集设备的 Wi-Fi 连接信息、使用 LocationProbe 来收集设备的位置信息。同时，Funf 框架提供了多种便利的 Probe 来收集设备对应的硬件传感器数据及软件传感器数据，我们可以在应用中使用需要的 Probe 来采集设备数据，也可使用 Funf Journal 应用来帮助我们完成数据收集工作。在第 8 章已经实现通过 Probe 来收集数据的工作，这里不再赘述。

9.3.2 推理层实现

1. 数据解密、清洗与整理

如果感知层是通过 Funf Journal 应用获取到设备数据的，由于 Funf 框架中自带了单向散列（One-way Hash）加密措施，所有的数据均无法直接读取，因此从感知层得到的数据首先要经过解密后才能使用需要。用到 Python 脚本文件 dbdecrypt.py 来对收集到数据库文件进行解密，解密的过程如图 9-2 所示。

图 9-2　Funf 数据库解密过程

Python 脚本代码具体如代码清单 9-1 所示。

代码清单 9-1　数据解密文件（dbdecrypt.py）

```
'''Decrypt one or more sqlite3 files using the provided key.  Checks
to see if it is readable
'''

from optparse import OptionParser
import decrypt
import sqlite3
import shutil

_random_table_name = 'jioanewvoiandoasdjf'
def is_funf_database(file_name):
  try:
      conn = sqlite3.connect(file_name)
      conn.execute('create table %s (nothing text)' % _random_
                                               table_name)
      conn.execute('drop table %s' % _random_table_name)
  except (sqlite3.OperationalError, sqlite3.DatabaseError):
```

```python
            return false
        else:
            return true
        finally:
            if conn is not None: conn.close()

def decrypt_if_not_db_file(file_name, key, extension=None):
    if is_funf_database(file_name):
        print "Already decrypted: '%s'" % file_name
        return True
    else:
        print ("Attempting to decrypt: '%s'……" % file_name),
        decrypt.decrypt([file_name], key, extension)
        if is_funf_database(file_name):
            print "Success!"
            return True
        else:
            print "FAILED!!!!"
            print "File is either encrypted with another method, another 
                key, or is not a valid sqlite3 db file."
            print "Keeping original file."
            shutil.move(decrypt.backup_file(file_name, extension),
                                                    file_name)
            return False


if __name__ == '__main__':
    usage = "%prog [options] [sqlite_file1.db [sqlite_file2.db……]]"
    description = "Safely decrypt Sqlite3 db files.  Checks to see if the 
                file can be opened by Sqlite.  If so, the file is left 
                alone, otherwise the file is decrypted.  Uses the 
                decrypt script, so it always keeps a backup of the original 
                encrypted files. "
    parser = OptionParser(usage="%s\n\n%s" % (usage, description))
    parser.add_option("-i", "--inplace", dest="extension",
            default=None, help="The extension to rename the
```

```
                          original file to. Will not overwrite file if it
                          already exists. Defaults to'%s'." %
                          decrypt.default_extension,)
        parser.add_option("-k", "--key", dest="key", default=None,
                          help="The DES key used to decrypt the files. 
                          Uses the default hard coded one
                          if one is not supplied.",)
        (options, args) = parser.parse_args()
        key = options.key if options.key else decrypt.
                key_from_password(decrypt.prompt_for_password())
        for file_name in args:
            decrypt_if_not_db_file(file_name, key, options.extension)
```

解密后的数据数据格式如表 9-1 所示。

表 9-1 WifiProbe 和 LocationProbe 采集的数据

Probe 类型	Value
WifiProbe	{"BSSID":"b4:41:7a:bb:e8:8e","SSID":"ChinaNet-sdPp","autoJoinStatus":0,"blackListTimestamp":0,"capabilities":"[WPA-PSK-CCMP+TKIP][WPA2-PSK-CCMP+TKIP][WPS][ESS]","distanceCm":-1,"distanceSdCm":-1,"frequency":2412,"isAutoJoinCandidate":288,"level":-53,"numConnection":0,"numIpConfigFailures":0,"numUsage":0,"seen":1461599319281,"timestamp":1461599319.394,"tsf":198000912633,"untrusted":false,"wifiSsid":{"octets":{"buf":[67,104,105,110,97,78,101,116,45,115,100,80,112,0,0,0,0,0,0,0,0,0,0,0,0,0,0,0,0,0],"count":13},"oriSsid":"P\"ChinaNet-sdPp\""}}
LocationProbe	{"mAccuracy":66.0,"mAltitude":92.0,"mBearing":168.75,"mElapsedRealtimeNanos":178296823217298,"mExtras":{"satellites":6},"mHasAccuracy":true,"mHasAltitude":true,"mHasBearing":true,"mHasSpeed":true,"mIsFromMockProvider":false,"mLatitude":28.176611065864563,"mLongitude":112.92064547538757,"mProvider":"gps","mSpeed":0.33,"mTime":1461579615000,"timestamp":1461599348.012}

为了使获得的所有数据具有统一的格式,并去除掉数据中的无效值、空值、重复值等脏数据,在获得了解密后的数据之后,我们需要对数据进行一次清洗。例如,某一时间段内,Android 终端可能采集了很多数据,包括位置信息、Wi-Fi 信息、周围噪声、加速度等,这里需要做的第一个工作就是先清洗掉终端所采集到的脏数据,去除无效值、空值、重复值等。第二个工作是处理来源不同的数据,使之符合本系统的标准。例如,中南大学和 CSU(China)都代表的是位于湖南长沙的中南大学,但是在系统中可能就存在着无法识别处理等异常情况,所以这里需要对所有的源数据做一个格式化的工作,使数据具有更高的兼容性。

数据整理就是把同一个场景下的所有源数据放到一个集合中，使情境感知引擎能够更好地利用各方面的数据来推理出情境。一个最简单的做法是将所有的这些源数据按照一定时间点作为界限，打包成一个数据元包，例如，今天10：00—11：00的数据元包中就包含了时间处于今天10点到11点的所有数据信息，可以更简单地理解为根据时间进行分类，把处于相同时间段内的一部分数据打包成数据元包。

2．地理位置网格划分

在情境感知系统中，位置数据往往是一个很重要的信息。从Funf框架采集的位置数据总是一些原始数据，既不易于程序理解，对用户也不友好。如表9-1中所示，以{"mLatitude":28.176611065864563,"mLongitude":112.92064547538757}这个位置数据为例，以数字化表示的经纬度数据会使用户很难理解其中的含义，这种将数据直接呈现给用户的做法并不友好和直观，因此我们需要建立原始位置数据与地理位置信息的映射关系，例如，将上述经纬度对应着的地理位置信息与中南大学校本部学生11舍对应。

在校园情境感知系统中，如果只是简单地划分了几个校区，那么只能简单识别出用户当前所在的校区，并不能得到更加详细的信息。因此，这里我们采用类似的方法，给建筑物映射具体的经纬度数据，便于情境感知系统能够推理出更加丰富、详细的位置信息，表9-2是某些建筑物的具体经纬度信息。

表9-2　校园中某些建筑物的具体经纬度信息

建筑物名称	起始纬度	结束纬度	起始经度	结束经度
A座教学楼	28.1535	28.15397	112.93537	112.93715
B座教学楼	28.153	28.15345	112.9353	112.93727
C座教学楼	28.15235	28.15262	112.93512	112.93732
D座教学楼	28.15146	28.1522	112.93514	112.93735
学生11舍	28.17615	28.17644	112.9203	112.92087

当我们有了这些建筑物位置信息映射表之后，如果要查询用户是否在某座教学楼附近，则可以通过收集用户当前位置信息，然后和建筑物位置信息映射表去匹配。当用户当前所处经纬度在某个建筑物起始经纬度范围内时，我们就称该用户位于该建筑物附近，达到感知用户位置信息的目的。

具体匹配用户位置信息的代码如代码清单9-2所示。

代码清单 9-2　匹配用户位置信息（PositionJudgeUtil.java）

```java
    public class PositionJudgeUtil
    {
       public static Building seekBuilding(LocationInfo info)
       {
          List<Building> list = Comm.buildings;
          for (Iterator<Building> iterator = list.iterator();
          iterator.hasNext();)
          {
             Building building = iterator.next();
             if (isInRange(building.getMinLat(), building.getMaxLat(),
                   info.getLatitude()) && isInRange(building.getMinLon(),
                   building.getMaxLon(), info.getLongitude()))
                return building;
          }
          return null;
       }

       private static boolean isInRange(double min, double max, double
                                                            checkNum)
       {
          if (checkNum >= min - Comm.LOCATION_DEVIATION &&
                       checkNum <= max + Comm.LOCATION_DEVIATION)
             return true;
          return false;
       }
       ……
    }
```

seekBuilding()传入用户当前从设备中收集的经纬度信息（LocationInfo），将系统当前所有的建筑物经纬度映射表（Comm.buildings）与传入的LocationInfo比较，当用户经纬度处在某个建筑物经纬度范围内时，就返回这个建筑物，即确定了用户的当前位置。isInRange()用于比较传入的checkNum是否在min和max之间。

第9章 利用Funf实现情境感知

同时,对于校区信息,我们也可以进行同样的查找匹配工作,如代码清单9-3方法所示。

代码清单9-3 seekCampus()（PositionJudgeUtil.java）

```java
public class PositionJudgeUtil
{
    ......
    public static Campus seekCampus(LocationInfo info)
    {
        List<Campus> list = Comm.campuses;
        for (Iterator<Campus> iterator =
                            list.iterator(); iterator.hasNext();)
        {
            Campus campus = iterator.next();
            if (isInRange(campus.getMinLat(), campus.getMaxLat(),
                    info.getLatitude())&& isInRange(campus.getMinLon(),
                    campus.getMaxLon(), info.getLongitude()))
                return campus;
        }
        return null;
    }
    ......
}
```

例如,用户当前收集到的位置经纬度信息为

{"mLatitude":28.176611065864563,"mLongitude":112.92064547538757}

通过推理引擎匹配就能得出该数据所指代的位置是中南大学校本部学生11舍。

3. 外部数据源

校园情境感知系统与一般的情境感知系统的一大区别在于,校园情境感知系统的地理范围是固定的,主体对象也十分明确。例如,在校园情境感知系统中,我们只需将位置信息设定在既有的校园内,不用将位置信息无限放大;再如,校园情境感知系统的主体对象也只需设定为师生,不用考虑庞大而复杂的社会人群不同的职业划分。因此,我们可以利用这些既有特点,将校园内特有的信息作为外部数据源录入到系统中,作为情境推理引擎的外部数据支撑,缩小推理的范围,同时提高系统推理的准确性和效率。

在校园中,能够利用的外部数据源其实有很多,常见的有课程表、学生信息表、宿舍信息表和作息时间表等,此外还有诸如校园卡消费记录、门禁系统记录、成绩表和图书馆借书记录等许多信息。这里由于篇幅和精力有限,本文分析以下外部数据源并录入到本系统之中。

(1)课程表。课程表是所有学生都拥有的一个信息,其中包含了上课时间、地点、内容等诸多信息,一个学生课程表如表 9-3 所示。

表 9-3 某学生部分课程表信息

	星 期 一	星 期 二	星 期 三	星 期 四	星 期 五
一		软件工程 [1~16 周] 新校区 B 座 302			
二	物联网平台与标准 [1~16 周] 新校区 C 座 407	分布式系统 [1~16 周] 新校区 B 座 302	Linux 系统及应用 [1~16 周] 新校区 B 座 112		软件工程 [1~16 周] 新校区 B 座 302
三				物联网定位技术 [1~16 周] 新校区 D 座 122	
四		多媒体原理及系统设计 [1~16 周] 新校区 B 座 507			
五	中国近现代史纲要 [1~16 周] 新校区 D 座 110		Web 技术 [1~16 周] 新校区 D 座 128		

由于在运行初期,系统中并没有各个教室所对应的具体 Wi-Fi 的列表信息,因此,这里有两种不同的做法对每个教室的 Wi-Fi List 信息进行初始化,如图 9-3 所示。

如图 9-3(a)所示,一种简明的做法是根据每个教室的需求,实地采样每个教室的 Wi-Fi 表,形成教室-Wi-Fi List 映射表。另一种做法如图 9-3(b)所示,首先将所有用户采集的数据和课程表信息统一录入到系统中,针对不同的教室,根据每一个同学的课程表与上课考勤情况，将 Wi-Fi 信息与教室信息建立教室-Wi-Fi List 映射表。例如，小明星期三上午第一节在新校区 A106 有高数课，而他勤奋好学，从不缺课，我们就可以根据他的终端数据，分析出周三第一节课时间所对应的 Wi-Fi 信息表，由此建立出教室（A106）-Wi-Fi List 映射表这样一个映射关系。

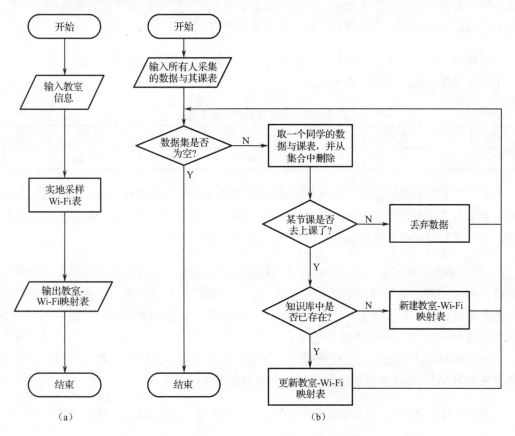

图 9-3　新建教室-Wi-Fi 映射表流程图

一个典型的教室-Wi-Fi List 映射表如表 9-4 所示。

表 9-4　一个典型的教室-Wi-Fi List 映射表

教室名称	Wi-Fi List
新校区 A 座-106	[{"BSSID":"b4:41:7a:bb:e8:8e","SSID":"ChinaNet-sdPp","level":-53,"timestamp":1461599319.394},{"BSSID":"d0:0e:d9:ad:00:37","SSID":"ChinaNet-CSU","level":-69,"timestamp":1461599319.395},{"BSSID":"b4:41:7a:ba:a2:a4","SSID":"ChinaNet-sqkp","level":-65,"timestamp":1461599319.396}]

（2）作息时间表。上面我们介绍了利用用户的课表数据来分析出教室-Wi-Fi 的映射表。针对上面的例子而言，我们会发现仅仅知道小明星期三上午第一节课这个信息还远远不够。由于各个学校的差异，甚至冬夏作息规律的不同（如有些学校的第一节课可能是 8:00—9:40，也有可能是 7:00—8:40），也会对我们分析出用户的情境有所帮助。此时，我们就可以引入另外一个外部数据源，即学生作息时间表。

学校的作息时间表至少应包含起床时间、上课时间、下课时间、晚就寝时间等信息，一个简单的作息时间表如表 9-5 所示。

表 9-5　部分作息时间表信息

活动	起床	第一节	第二节	第三节	第四节	第五节	就寝
时间	7:00	8:00—9:40	10:00—11:40	14:00—15:40	16:00—17:40	20:00—21:40	23:00

利用作息时间表的信息，不仅能够达到对教室 Wi-Fi 列表采样的目的，还能利用这些信息做很多其他的情境推理。例如，利用起床时间与就寝时间，结合寝室内的 Wi-Fi 表，可以考察学生是否能够做到按时起床、是否夜不归宿等。

（3）学生信息表。不难发现，之前的种种论述都是建立在我们能够将采集到的数据准确地对应不同的学生个体的基础上，因此，这里我们需要解决的一个问题就是如何准确地把这些数据与学生个体一一对应起来。不难发现，因为 Funf 采集的数据中包含了手机的"软数据"，而学生的手机号码正是这些"软数据"中很重要的一个信息，通过学生的手机号码再加上一个学生的信息表（信息表中包含了学生的学号、姓名等基本信息再加上手机号码），就能够把学生个体与采集的数据绑定起来了。

对这些外部数据源，我们需要在系统初始化时就载入，具体的载入如代码清单 9-4 所示。

代码清单 9-4　加载外部数据源（ExternalSourceDao.java）

```java
//方法1
public class ExternalSourceDao
{
    public static Schedule loadScheduleSource()
    {
        Connection conn = null;
        PreparedStatement stmt = null;
```

```java
ResultSet rs = null;
Schedule schedule = null;
try
{
    conn = Dbcp.getConnection();
    stmt = conn.prepareStatement(
                "SELECT * FROM contextsensing.schedule;");
    rs = stmt.executeQuery();
    while (rs.next())
    {
        schedule = new Schedule();
        schedule.setScheduleId(rs.getInt("scheduleId"));
        schedule.setWeakupTime(rs.getString("weakupTime"));
        schedule.setFirstLessonTime(rs.getString("firstlesson"));
        schedule.setSecondLessonTime(rs.getString
                            ("secondlesson"));
        schedule.setMidDayRestTime(rs.getString
                            ("middayrest"));
        schedule.setThirdLessonTime(rs.getString
                            ("thirdlesson"));
        schedule.setFourthLessonTime(rs.getString
                            ("fourthlesson"));
        schedule.setFifthLessonTime(rs.getString
                            ("fifthlesson"));
        schedule.setSleepTime(rs.getString("sleepTime"));
    }
}
catch (SQLException e)
{
    e.printStackTrace();
}
finally
{
    Dbcp.close(rs, stmt, conn);
}
```

```java
        return schedule;
    }

//方法2
public static List<Dormitory> loadDormitorySource()
{
    Connection conn = null;
    PreparedStatement stmt = null;
    ResultSet rs = null;
    List<Dormitory> list = new ArrayList<Dormitory>();
    Dormitory dormitory = null;
    try
    {
        conn = Dbcp.getConnection();
        stmt = conn.prepareStatement("
                    SELECT * FROM contextsensing.dormitory;");
        rs = stmt.executeQuery();
        while (rs.next())
        {
            dormitory = new Dormitory();
            dormitory.setDormitoryID(rs.getInt("dormitoryId"));
            dormitory.setName(rs.getString("dormitoryName"));
            dormitory.setDormitoryOfBuildingID(
                        rs.getInt("building_buildingId"));
            dormitory.setWifis(JsonUtils.parseWiFis(
                        rs.getString("dormitoryWiFiList")));
            list.add(dormitory);
        }
    }
    catch (SQLException e)
    {
        e.printStackTrace();
    }
    finally
    {
```

```java
            Dbcp.close(rs, stmt, conn);
        }
        return list;
    }
    
    //方法3
    public static Curriculum getCurriculumById(int curriculumId)
    {
        Connection conn = null;
        PreparedStatement stmt = null;
        ResultSet rs = null;
        Curriculum curriculum = null;
        Map<String, DailyTimeTable> map = null;
        try
        {
            conn = Dbcp.getConnection();
            stmt = conn.prepareStatement("
                                SELECT * FROM contextsensing.
                                curriculum where curriculumId = ?;");
            stmt.setInt(1, curriculumId);
            rs = stmt.executeQuery();
            map = new HashMap<String, DailyTimeTable>();
            DailyTimeTable dailyTimeTable = null;
            while (rs.next())
            {
                curriculum = new Curriculum();
                curriculum.setCurriculumId(rs.getInt("curriculumId"));
                dailyTimeTable = JsonUtils.parseCurriculumDailyInfo(
                                    rs.getString("Sunday"));
                map.put("Sunday", dailyTimeTable);
                dailyTimeTable = JsonUtils.parseCurriculumDailyInfo(
                                    rs.getString("Monday"));
                map.put("Monday", dailyTimeTable);
                dailyTimeTable = JsonUtils.parseCurriculumDailyInfo(
                                    rs.getString("Tuesday"));
```

```java
            map.put("Tuesday", dailyTimeTable);
            dailyTimeTable = JsonUtils.parseCurriculumDailyInfo(
                                    rs.getString("Wednesday"));
            map.put("Wednesday", dailyTimeTable);
            dailyTimeTable = JsonUtils.parseCurriculumDailyInfo(
                                    rs.getString("Thursday"));
            map.put("Thursday", dailyTimeTable);
            dailyTimeTable = JsonUtils.parseCurriculumDailyInfo(
                                    rs.getString("Friday"));
            map.put("Friday", dailyTimeTable);
            dailyTimeTable = JsonUtils.parseCurriculumDailyInfo(
                                    rs.getString("Saturday"));
            map.put("Saturday", dailyTimeTable);
            curriculum.setDailyTimeTableMap(map);
        }
    }
    catch (SQLException e)
    {
        e.printStackTrace();
    }
    finally
    {
        Dbcp.close(rs, stmt, conn);
    }
    return curriculum;
}
……
}
```

这三个方法分别从数据库加载系统需要的作息时间表、宿舍信息表、学生课程表。当从数据库得到这些数据后，需要将数据格式转化为对应的 JSON 格式，并封装到各自对应 Schedule、Dormitory、Curriculum 对象中去，因此我们使用 JsonUtils 这个工具类来完成转化工作。JsonUtils 类的具体实现如代码清单 9-5 所示。

代码清单9-5　JsonUtils工具类（JsonUtils.java）

```java
public class JsonUtils
{
    //将JSON字符串格式数据转化为对应School对象
    public static School parseSchool(String json)
    {
        if (!isJsonStrValid(json))
            return null;
        School school = new School();
        try {
            //将JSON字符串转换为JSON对象
            JSONObject jsonObj = JSONObject.parseObject(json);
            //获取之对象的所有属性
            school.setName(jsonObj.getString("name"));
            school.setSchoolAddress(jsonObj.getString("cityName"));
        }
        catch (JSONException e)
        {
            e.printStackTrace();
        }
        return school;
    }

    //将JSON字符串格式数据转化为对应Campus对象
    public static List<Campus> parseCampuses(String json)
    {
        if (!isJsonStrValid(json))
            return null;
        List<Campus> list = new ArrayList<Campus>();
        try {
            JSONArray jsonArray = JSONArray.parseArray(json);
            Campus campus = null;
            JSONObject jsonObject = null;
            for (int i = 0; i < jsonArray.size(); i++)
```

```
            {
                campus = new Campus();
                jsonObject = jsonArray.getJSONObject(i);
                campus.setName(jsonObject.getString("name"));
                campus.setMinLat(jsonObject.getDouble("minLat"));
                campus.setMaxLat(jsonObject.getDouble("maxLat"));
                campus.setMinLon(jsonObject.getDouble("minLon"));
                campus.setMaxLon(jsonObject.getDouble("maxLon"));
                list.add(campus);
            }
        }
        catch (Exception e)
        {
            e.printStackTrace();
        }
        return list;
    }

    //将JSON字符串格式数据转化为对应Building对象
    public static List<Building> parseBuildings(String json)
    {
        if (!isJsonStrValid(json))
            return null;
        List<Building> list = new ArrayList<Building>();
        try {
            JSONArray jsonArray = JSONArray.parseArray(json);
            Building building = null;
            JSONObject jsonObject = null;
            for (int i = 0; i < jsonArray.size(); i++)
            {
                building = new Building();
                jsonObject = jsonArray.getJSONObject(i);
                building.setName(jsonObject.getString("name"));
                building.setMinLat(jsonObject.getDouble("minLat"));
                building.setMaxLat(jsonObject.getDouble("maxLat"));
```

```java
            building.setMinLon(jsonObject.getDouble("minLon"));
            building.setMaxLon(jsonObject.getDouble("maxLon"));
            list.add(building);
        }
    }
    catch (Exception e)
    {
        e.printStackTrace();
    }
    return list;
}

//将JSON字符串格式数据转化为对应WiFiInfo对象
public static List<WiFiInfo> parseWiFis(String json)
{
    if (!isJsonStrValid(json))
        return null;
    List<WiFiInfo> list = new ArrayList<WiFiInfo>();
    try {
        JSONArray jsonArray = JSONArray.parseArray(json);
        WiFiInfo wiFiInfo = null;
        JSONObject jsonObject = null;
        for (int i = 0; i < jsonArray.size(); i++)
        {
            wiFiInfo = new WiFiInfo();
            jsonObject = jsonArray.getJSONObject(i);
            wiFiInfo.setBSSID(jsonObject.getString("BSSID"));
            wiFiInfo.setSSID(jsonObject.getString("SSID"));
            wiFiInfo.setLevel(jsonObject.getIntValue("level"));
            wiFiInfo.setTimestamp((long)
                (jsonObject.getDoubleValue("timestamp") * 1000));
            list.add(wiFiInfo);
        }
    }
    catch (Exception e)
```

```
        {
            e.printStackTrace();
        }
        return list;
    }
    //将JSON字符串格式数据转化为对应WiFiInfo对象
    public static WiFiInfo parseWiFi(String json)
    {
        if (!isJsonStrValid(json))
            return null;
        WiFiInfo wiFiInfo = null;
        try {
            wiFiInfo = new WiFiInfo();
            JSONObject jsonObject = JSONObject.parseObject(json);
            wiFiInfo.setBSSID(jsonObject.getString("BSSID"));
            wiFiInfo.setSSID(jsonObject.getString("SSID"));
            wiFiInfo.setLevel(jsonObject.getIntValue("level"));
            wiFiInfo.setTimestamp((long)(jsonObject.getDouble(
                                        "timestamp") * 1000));
        }
        catch (Exception e)
        {
            e.printStackTrace();
        }
        return wiFiInfo;
    }

    private static boolean isJsonStrValid(String string)
    {
        if (string == null || string.equals(""))
            return false;
        return true;
    }

    //将JSON字符串格式的课程表数据转化为对应DailyTimeTable对象
```

```java
    public static DailyTimeTable parseCurriculumDailyInfo(String json)
    {
        if (!isJsonStrValid(json))
        return null;
        DailyTimeTable dailyTimeTable = null;
        try {
            dailyTimeTable = new DailyTimeTable();
            JSONObject jsonObject = JSONObject.parseObject(json);
            dailyTimeTable.setFirstClass(EntityUtils.getClassRoomById(
                                        jsonObject.getIntValue("1")));
            dailyTimeTable.setSecondClass(EntityUtils.getClassRoomById(
                                        jsonObject.getIntValue("2")));
            dailyTimeTable.setThirdClass(EntityUtils.getClassRoomById(
                                        jsonObject.getIntValue("3")));
            dailyTimeTable.setForthClass(EntityUtils.getClassRoomById(
                                        jsonObject.getIntValue("4")));
            dailyTimeTable.setFifthClass(EntityUtils.getClassRoomById(
                                        jsonObject.getIntValue("5")));
        }
        catch (Exception e)
        {
            e.printStackTrace();
        }
        return dailyTimeTable;
    }
}
```

4. 情境推理规则

要实现校园内的情境感知系统，仅仅建立地理网格信息映射表、加载几种外部数据源是远远不够的。例如，系统检测到一位同学某时刻正位于新校区A座教学楼某教室，但是并不能进一步得到具体的情境信息，可能他正在A座某教室上课，也可能在A座某教室自习，或者在A座此教室开班会。可想而知，这些复杂的情境仅靠LocationProbe探针和WifiProbe探针无法达到目的，因此我们自定义一些情境的推理规则，以推出更复杂的情境信息，诸如用户是处于"在上课"、"在开会"或者在"休息中"等更为具体和抽象的情境信息。例如，推理引擎推理出用户当前"在上课"这个情境，往往需要系统感知出用户"在教室"（必要条件）+"在上课时间"（必要条件）+"课程表中有课"（必要条件）+"课程表中教室与当前所在教室一致"（必要条件）+"较为安静的环境"（非必要条件）这样多个子情境，如果这样多个子情境同时发生了，那么推理引擎就能较为容易地推断出用户当前正在教室上课，如果 4 个必要子情境并未同时发生，推理引擎就推断不出"在上课"这样的情境，则无法向上层应用提供情境查询的支撑。

因此，这里我们需要建立许多情境的推理规则，便于推理引擎能够推断出更为复杂、抽象的情境。表 9-6 是部分情境推理规则。

表 9-6　部分情境推理规则

情　　境	必要子情境	非必要子情境
在上课	在教室&&在上课时间&&课程表中有课&&教室一致性原则	较为安静的环境
在自习	非睡眠时间&&较为安静的环境	在教室||在图书馆|在寝室
在开会	（在教室||在活动室）&&零星的说话声	
在运动	（不在教室||不在图书馆|不在寝室）&&处于运动状态	
在睡觉	智能手环感应到用户处于睡眠状态	在寝室||手机长时间处于未使用状态

表 9-6 中的这些情境推理规则，均建立在对采集数据的深入挖掘和分析基础上，对所有校园内的学生用户均具有普适性。以上的情境推理规则仅仅是现实生活中的一小部分，现实中校园的推理规则远远不止这些，这里由于篇幅有限，不做进一步探讨。

虽然现在手机上的传感器越来越多，功能越来越强大，但是想要实现有些特定的情境感知还是得借助外部的辅助设备。例如，表 9-6 中的判断情境"在睡觉"，由于手机并不能直观地感知到用户处于"在睡觉"的状态，相反，利用任何一款智能手环或者智能手表设备都能很直截了当地得出用户处于睡眠状态，因此在判定某些特殊的情境的时候，可以借助外部辅助设备，以便能够更加精确、直观地得出所需结论。

需要说明的是，情境推理规则并不是一成不变的。随着系统的运行和知识库的不断丰富，以及外界环境的变化，情境推理规则均会因此产生改变。举个简单的例子，以"在开会"为例，当前我们认为的必要子情境为"（在教室\|\|在活动室）&&零星的说话声"，但这也并不一定绝对。比如，校园中也许存在这么一个班级，他们的班会从来都是以视

频会议的方式、在各自的寝室里举行，那么很明显，"(在教室||在活动室)"明显不能满足，情境推理引擎因此也就不能推出他们正处于"在开会"的状态。

5. 教室定位原则

前文介绍了情境推理规则。以"在上课"为例，"在上课"的必要子情境为"在教室&&在上课时间&&课程表中有课&&教室一致性原则"，非必要子情境为"较为安静的环境"。现在我们将详细介绍如何实现教室的定位，让推理机能够推理出"在教室"的子情境，进而推理出"在上课"等更为丰富、抽象的情境。

我们以表 9-7 为例，说明本系统是如何实现教室的识别的。

表 9-7　WifiProbe 采集的数据与教室 Wi-Fi List 数据对比

名　称	Value
WifiProbe 采集的数据	{"BSSID":"b4:41:7a:bb:e8:8e","SSID":"ChinaNet-sdPp" ……. "level":-64 …….. }
新校区 A 座-106 中的 Wi-Fi List	[{"BSSID":"b4:41:7a:bb:e8:8e","SSID":"ChinaNet-sdPp","level":-53,"timestamp":1461599319.394},{"BSSID":"d0:0e:d9:ad:00:37","SSID":"ChinaNet-CSU","level":-69,"timestamp":1461599319.395},{"BSSID":"b4:41:7a:ba:a2:a4","SSID":"ChinaNet-sqkp","level":-65,"timestamp":1461599319.396}]

可以看到 WifiProbe 所采集的数据有很多，这里我们需要关心的只有 BSSID、level。

在这里例子中，WifiProbe 采集到了 BSSID 为"b4:41:7a:bb:e8:8e"的 Wi-Fi，其 level（强度）为-64，而在我们的知识库中，该 Wi-Fi 的标准强度为-53，根据我们的计算公式可知。

$$d = \sqrt{\frac{(a_1-b_1)^2 + (a_2-b_2)^2 + \cdots + (a_n-b_n)^2}{n}} \tag{9-1}$$

式中，a_1 为第一个 Wi-Fi 的强度，b_1 为知识库中该 Wi-Fi 的标准强度。

由于，WifiProbe 只采集到了一个 Wi-Fi，而在知识库中，新校区 A 座-106 应该有 3 个 Wi-Fi 才对，那么 a_2、a_3 以 0 代替。根据计算公式，可计算得到 $d ≈ 55.097$，而我们系统的默认值（默认值可以根据精度要求手动调节）为 30，所以推理引擎会得出结论：此刻该设备不在新校区 A 座-106 此教室中。同理，如果计算出的 $d ≤ 30$，则会能推理出此刻设备处于某教室之中。

6. 数据采集规则

为了提高系统的效率和手机终端的续航能力，本系统设计了数据采集规则，以此指导手机终端什么时候去采集数据、采集多久、采集哪些数据。表 9-8 是本系统的一部分数据采集规则。

表 9-8 部分数据采集规则

序 号	数据采集规则
1	<09:00，300，0，WiFi>
2	<23:30，180，0，WiFi>
3	<12:00，300，10，GPS>
4	<16:00，60，0，加速计>

表 9-8 中的每一条记录均代表了手机客户端 App 中的一条配置信息。例如，第一条规则<09:00，300，0，WiFi>，代表着手机客户端 App 在 9:00 时刻，开始对 Wi-Fi 数据进行采集，持续 300 s；第三条规则<12:00，300，10，GPS>则代表着，在 12:00 时刻，开始对 GPS 数据进行采集，持续 300 s；每间隔 10 s 采集一次数据。

下面是<09:00，300，0，WiFi>这条规则转换成 Funf 规定格式的配置代码。

```
{
    "name": "example",
    "version":1,
    ...
    "data":
    [
        {
            "@type": "edu.mit.media.funf.probe.builtin.WifiProbe",
            "@schedule": {"interval": 0},
            "goodEnoughAccuracy": 80,
            "maxWaitTime": 60,
            "startAtTime": 8:00
        }
    ]
}
```

9.3.3 应用层实现

校园情境感知应用层为应用提供了一些便利的方法来查询或确定用户的当前情境。通过对这些方法的调用，应用程序可快速便捷地查询到用户的周围情境信息。系统向应用层提供的一些查询方法如代码清单 9-6 所示。

代码清单 9-6　向应用层提供的查询方法（AnalyseUtils.java）

```java
public class AnalyseUtils
{
    public static boolean isAtDormitory(Student student,
                                        List<WiFiInfo> wifis)
    {
        if (student == null || wifis == null)
            return false;
        Dormitory dormitory = PositionJudgeUtil.seekDormitory(wifis);
        if (student.getDormitory().getDormitoryID() ==
                                dormitory.getDormitoryID())
            return true;
        return false;
    }

    public static boolean isAtClassRoom(Student student, String
                dayStr,String time, List<WiFiInfo> wifis)
    {
        ClassRoom classRoom = getClassRoomByCurriculumAndTime(
                                        student, dayStr, time);
        ClassRoom classRoom2 = PositionJudgeUtil. SeekClassRoom
                                                    (wifis);
        if (classRoom.getClsRoomID() == classRoom2.getClsRoomID())
            return true;
        return false;
    }
```

```java
    private static ClassRoom getClassRoomByCurriculumAndTime(
            Student student, String dayStr, String time)
{
    Curriculum curriculum = student.getCurriculum();

    Iterator<Entry<String, DailyTimeTable>> iterator =
        curriculum.getDailyTimeTableMap().entrySet().iterator();
    while (iterator.hasNext())
    {
        Map.Entry<String, DailyTimeTable> entry = iterator.next();
        String dayString = entry.getKey();
        DailyTimeTable dailyTimeTable = entry.getValue();
        if (dayStr.equals(dayString))
        {
            switch (getClassByTime(time))
            {
                case 1:
                return dailyTimeTable.getFirstClass();
                case 2:
                return dailyTimeTable.getSecondClass();
                case 3:
                return dailyTimeTable.getThirdClass();
                case 4:
                return dailyTimeTable.getForthClass();
                case 5:
                return dailyTimeTable.getFifthClass();
                default:
                break;
            }
        }
    }
    return null;
}
```

```java
private static int getClassByTime(String time)
{
    Timestamp timestamp = Timestamp.valueOf("1970-1-1 " + time +
                    ":00");
    Timestamp ts1 = Timestamp.valueOf("1970-1-1 " +
                    Comm.schedule.getFirstLessonTime() + ":00");
    Timestamp ts2 = Timestamp.valueOf("1970-1-1 " +
                    Comm.schedule.getSecondLessonTime() + ":00");
    Timestamp ts3 = Timestamp.valueOf("1970-1-1 " +
                    Comm.schedule.getThirdLessonTime() + ":00");
    Timestamp ts4 = Timestamp.valueOf("1970-1-1 " +
                    Comm.schedule.getFourthLessonTime() + ":00");
    Timestamp ts5 = Timestamp.valueOf("1970-1-1 " +
                    Comm.schedule.getFifthLessonTime() + ":00");
    Timestamp ts6 = Timestamp.valueOf("1970-1-1 " +
                    Comm.schedule.getSixthLessonTime() + ":00");

    if (timestamp.before(ts1))
        return 0;
    else if (timestamp.before(ts2))
        return 1;
    else if (timestamp.before(ts3))
        return 2;
    else if (timestamp.before(ts4))
        return 3;
    else if (timestamp.before(ts5))
        return 4;
    else if (timestamp.before(ts6))
        return 5;
    return 0;
}
```

这些方法主要用于分析学生数据，具体来说，是根据学生的课表信息和住宿信息，结合作息表，利用系统知识库分析该学生一周上了多少堂课、缺课多少、晚上在寝室的次数等。

　　isAtDormitory()根据传入的学生和其周围的 Wi-Fi 列表信息来判断该学生是否在自己的宿舍中；isAtClassRoom()结合时间和 student 课程表，判断某个学生这个点是否教室；getClassRoomByCurriculumAndTime()根据 dayStr 和 time，判定应该上课的教室地点。

参考文献

[1] Nicholas D. Lane et al, A Survey of Mobile Phone Sensing. IEEE Communications Magazine, pp. 140-150, September 2010.

[2] Daqing Zhang et al, Extracting Social and Community Intelligence from Digital Footprints: An Emerging Research Area. In Proceedings of the 7th international conference on Ubiquitous intelligence and computing(UIC'10).

[3] Jules White et al, R&D challenges and solutions for mobile cyber-physical applications and supporting Internet services. Journal of Internet Serv Appl (2010) 1:45-56.

[4] Prabal Duttay, Paul M. Aokiz, Neil Kumary, Alan Mainwaringz, Chris Myers, Wesley Willetty, and Allison Woodruff, Common Sense: Participatory Urban Sensing Using a Network of Handheld Air Quality Monitors, Sensys'09(Demo).

[5] N. Maisonneuve, M. Stevens, M. E. Niessen, and L. Steels, "Noisetube: Measuring and mapping noise pollution with mobile phones," in Information Technologies in Environmental Engineering, Environmental Science and Engineering, R. Allan, U. Frstner, and W. Salomons, Eds. Springer Berlin Heidelberg, 2009, pp. 215–228, [Online]. Available: http://dx.doi.org/10.1007/978-3-540-88351-7 16.

[6] R. K. Rana, C. T. Chou, S. S. Kanhere, N. Bulusu, and W. Hu, "Ear-phone: an end-to-end participatory urban noise mapping system," in Proceedings of the ACM/IEEE IPSN '10, 2010, pp. 105–116. [Online]. Available: http://doi.acm.org/10.1145/1791212.1791226.

[7] Arvind Thiagarajan, Lenin Ravindranath, Katrina LaCurts, Sivan Toledo, and Jakob Eriksson, VTrack: Accurate, Energy-aware Road Traffic Delay Estimation Using Mobile Phones, in Sensys' 09.

[8] The Pothole Patrol - Using a Mobile Sensor Network for Road Surface Monitoring.

[9] P. Mohan, V. N. Padmanabhan, and R. Ramjee, "Nericell: rich monitoring of road and traffic conditions using mobile smartphones," in Proceedings of the 6th ACM conference on Embedded network sensor systems, ser. SenSys ' 08. New York, NY, USA: ACM, 2008, pp. 323–336. [Online]. Available: http://doi.acm.org/10.1145/1460412.1460444.

[10] 程国江．智能移动终端的情境识别框架研究[D]．哈尔滨工业大学，2013．

[11] Pepperell R. Review: Where the Action Is: The Foundations of Embodied Interaction (review)[J]. Leonardo Journal of the International Society for the Arts Sciences & Technology, 2003(5):412-412.

[12] Dourish P. What we talk about when we talk about context[J]. Personal & Ubiquitous Computing, 2004, 8(1):19-30.

[13] Schilit B, Adams N, Want R. Context-Aware Computing Applications[C]// The Workshop on Mobile Computing Systems & Applications. IEEE Computer Society, 1994:85-90.

[14] Schilit B, Adams N, Want R. Context-aware computing applications[C]//Mobile Computing Systems and Applications, 1994. WMCSA 1994. First Workshop on. IEEE, 1994: 85-90.

[15] Dey A K. Providing architectural support for building context-aware applications[J]. Elementary Education, 2000, 25(2):106-111.